EITSCHRIFT FÜR MIKROELEKTRONIK · COMPUTERTECHNIK · INFORMATIK

Heft 1 · 1990

Mikroprozessortechnik

VEB Verlag Technik Berlin

ISSN 0232-2892

Zuverlässigkeit von Einchiprechner-Systemen

außerdem: ROM-Erweiterungen für IBM-PCs
Eingabemasken mit Turbo-Pascal
C-Compiler für CP/M im Test

Portable PCs mit Farbdisplays

Vor einem Jahr stellten wir Ihnen die Rechnerklasse Laptop vor – das sind die PCs, die man auf den Schoß (lap) nehmen kann. Seitdem konnten wir bei diesen Rechnern mehrere Entwicklungsrichtungen beobachten: Erstens hat sich die Zahl der Firmen, die Laptops oder transportable PCs (Portables) anbieten, stark erhöht; wir informierten Sie bereits über Neuentwicklungen der traditionellen Heimcomputerhersteller Schneider (in MP 7/89) und Atari (in MP 12/89). Zweitens wurden das Gewicht, der Stromverbrauch und der Preis verringert. Und drittens weisen die Geräte auch immer neue Leistungsmerkmale auf; neben der Integration von Festplattenlaufwerken und der Verwendung leistungsfähigerer und stromsparender Mikroprozessoren werden seit dem vorigen Jahr die ersten Portables mit Farbdisplays angeboten. In MP 6/1989 stellten wir kurz den Farb-Portable 386 von Sharp vor, der unter anderem einen 14-Zoll-Farb-LC-Bildschirm, einen 80386-Prozessor sowie eine 40-MByte-Festplatte besitzt.
Die Flachdisplays für Laptops bzw. Portables werden in verschiedenen Techniken hergestellt. Die meisten nichtfarbigen Displays sind Plasmadisplays – bestehend aus zwei Glasplatten (mit aufgebrachten Leitbahn-Elektroden), zwischen denen sich das aktiv leuchtende Medium befindet. Häufig werden auch Flüssigkristall-(LC)-Displays verwendet – bei denen sich zwischen zwei Glasplatten die Flüssigkristalle befinden, die nicht aktiv leuchten, sondern, abhängig von einem elektrischen Feld, eine unterschiedliche Lichtdurchlässigkeit aufweisen (hier gibt es inzwischen eine Vielzahl von LCD-Typen). Einige wenige Hersteller verwenden Elektrolumineszenz-(EL-)Displays, die aus nur einer Glasplatte aufgebaut sein können, auf der abwechselnd Leitbahn-Elektroden, Isolationsschichten und eine fluoreszierende, aktiv leuchtende Schicht aufgebracht wurden. Vergleicht man die Zahlen der in Entwicklung befindlichen Flach-Farbdisplays für Portables, kann man feststellen, daß die LC-Displays vor den Plasmadisplays und den EL-Displays rangieren. Die zur Zeit angebotenen Farbdisplays für Laptops bzw. Portables sind ausschließlich LC-Displays. Beispielsweise entwickelte die japanische Firma Hitachi für den Farb-Laptop HL 400 C – nach eigenen Angaben der weltweit erste Laptop mit Farbdisplays – ein Dünnfilmtransistor-LC-Display. Dieses Display mit einer Diagonalen von 6,3 Zoll (1 Zoll = 2,54 cm) enthält 640 × 200 (× 3) Bildpunkte (CGA-kompatibel). Im Textmodus können 25 Zeilen mit je 70 oder 80 Zeichen dargestellt werden. Die verwendete Dünnfilmtransistor-Technik (auf der Basis von amorphem Silizium) soll gegenüber den herkömmlichen S[...]per-Twisted-LCDs eine zehnfach schnellere Reaktionszeit und einen besseren Kontrast bieten. Mit dem Blickwinkel vo[...] <50° (von der z-Achse aus) wi[...] ebenfalls Super-Twisted-Quali[...]tät erreicht. Durch die Reaktion[...]zeit von 50 ms sind bei Grafika[...]wendungen Bewegungen der Maus praktisch ohne Verzögerung möglich. Jeder Farbpunk[...] wird von einem Transistor ang[...]steuert (siehe Skizze), der zusätzlich als Dünnfilm auf der Glasoberfläche abgeschieden wurde. Drei Farbpunkte bilden einen Bildpunkt; die Farbgebu[...] wird durch einen Filter erreicht Durch RGB-Ansteuerung lass[...] sich so acht Farben (gleichzeiti[...] darstellen. Die Punktgröße beträgt 0,16 × 0,2 mm². Eine Hin[...]tergrundbeleuchtung ist möglic[...] Die Leistungsaufnahme des Di[...]plays kommt auf stattliche 1,5 Watt; daraus resultiert sicherli[...] die geringe Akku-Betriebsdau[...] von nur einer Stunde. Darüber hinaus bietet der HL 400 C (C steht für Color) alles, was man von einem voll AT-kompatible[...] Laptop erwarten kann: eine CP[...] 80C286 in stromsparender CMOS-Technik mit 12,5-MHz-Taktrate, einen 1-MByte-Arbei[...]speicher (auf Kosten eines Steckplatzes auf 2 MByte aufrüstbar), eine 3,5-Zoll-Festpla[...] mit 20 MByte und das 3,5-Zoll Floppy-Laufwerk. Der HL 400 [...] enthält eine parallele, zwei serielle und eine RGB-Schnittstelle. Dabei sind immer noch zwei Steckplätze für Erweiterungskarten verfügbar.
Auch die japanische Firma Toshiba – weltgrößter Produzen[...] von Speicherschaltkreisen – kündigte inzwischen einen La[...]top mit Farb-LC-Display an. E[...] soll bereits VGA-kompatibel – mit 640 × 480 Punkten und bi[...] zu 16 Farben – sein; die Bildschirmdiagonale mit 11 Zoll is[...] fast doppelt so groß wie die de[...] HL 400 C-Displays. Während dieser Laptop 1990 in Serie ge[...]hen soll, befindet sich auf dem Reißbrett bereits ein 14-Zoll-D[...]play mit 720 × 500 Bildpunkte[...] das eine Gemeinschaftsentwi[...]lung mit IBM darstellt (vergleic[...] auch MP 11/1989, S. 349).

MP

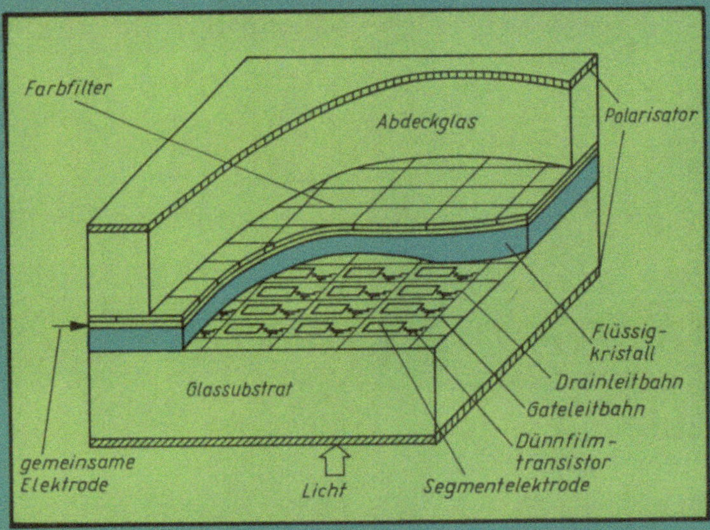

Zeitschrift für Mikroelektronik · Computertechnik · Informatik
4. Jahrgang · ISSN 0232-2892

Mikroprozessortechnik, Heft 1 · 90

Herausgeber Kammer der Technik, Fachverband Elektrotechnik

Verlag VEB Verlag Technik, Oranienburger Str. 13/14, DDR – 1020 Berlin; Telegrammadresse: Technikverlag Berlin; Telefon: 28700, Telex: 011 2228 techn dd

Verlagsdirektor Klaus Hieronimus

Redaktion Hans Weiß, Verantwortlicher Redakteur (Tel. 2870371); Redakteure: Herbert Hemke (Tel. 2870203), Hans-Joachim Hill (Tel. 2870209); Sekretariat Tel. 2870381

Gestaltung Christina Bauer

Titelfoto Thomas Bölkow

Beirat Dr. Ludwig Claßen, Dr. Heinz Florin, Prof. Dr. sc. Rolf Giesecke, Joachim Hahne, Prof. Dr. sc. Dieter Hammer, Prof. Dr. sc. Thomas Horn, Prof. Dr. Albert Jugel, Prof. Dr. Bernd Junghans, Dr. Dietmar Keller, Prof. Dr. sc. Gernot Meyer, Prof. Dr. sc. Bernd-Georg Münzer, Prof. Dr. sc. Peter Neubert, Prof. Dr. sc. Rudolf Arthur Pose, Prof. Dr. sc. Dr. Michael Roth (Vorsitzender), Dr. Gerhard Schulze, Prof. Dr. sc. Manfred Seifart, Dr. Dieter Simon, Dr. Rolf Wätzig, Prof. Dr. sc. Dr. Jürgen Zaremba

Lizenz-Nr. 1710 des Presseamtes beim Vorsitzenden des Ministerrates der Deutschen Demokratischen Republik

Gesamtherstellung Druckerei Märkische Volksstimme Potsdam

Erfüllungsort und Gerichtsstand Berlin-Mitte. Der Verlag behält sich alle Rechte an den von ihm veröffentlichten Aufsätzen und Abbildungen, auch das der Übersetzung in fremde Sprachen, vor. Auszüge, Referate und Besprechungen sind nur mit voller Quellenangabe zulässig.

Redaktionsschluß 8. November 1989

AN (EDV) 49837

Erscheinungsweise monatlich 1 Heft

Heftpreis 5,– M, Abonnementspreis vierteljährlich 15,– M; Auslandspreise sind den Zeitschriftenkatalogen des Außenhandelsbetriebes BUCHEXPORT zu entnehmen.

Bezugsmöglichkeiten
DDR: sämtliche Postämter; *SVR Albanien:* Direktorije Quendrore e Perhapjes dhe Propagandititt te Librit Rruga Konference e Pezes, Tirana; *VR Bulgarien:* Direkzia R.E.P., 11a, Rue Paris, Sofia; *VR China:* China National Publications Import and Export Corporation, West Europe Department, P.O. Box 88, Beijing; *ČSSR:* PNS – Ustřední Expedicia a Dovoz Tísku Praha, Slezská 11, 120 00 Praha 2, PNS, Ústredna Expedicia a Dovoz Tlače, Pošta 022, 885 47 Bratislava; *SFR Jugoslawien:* Jugoslovenska Knjiga, Terazija 27, Beograd; Izdavačko Knjižarsko Produzeće MLADOST, Ilica 30, Zagreb; *Koreanische DVR:* CHULPANMUL Korea Publications Export & Import Corporation, Pyongyang; *Republik Kuba:* Empresa de Comercio Exterior de Publicaciones, O'Reilly No. 407, Ciudad Habana; *VR Polen:* C.K.P.i.W. Ruch, Towarowa 28, 00-958 Warszawa; *SR Rumänien:* D.E.P. Bucureşti, Piaţa Scînteii, Bucureşti; *UdSSR:* Sämtliche Abteilungen von Sojuzpečat' oder Postämter und Postkontore; *Republik Ungarn:* P.K.H.I., Külföldi Elöfizetési Osztály, P.O. Box 16, 1426 Budapest; *SR Vietnam:* XUNHASABA, 32, Hai Ba Trung, Hà Nôi; *BRD und Berlin (West):* ESKABE Kommissions-Grossobuchhandlung, Postfach 36, 8222 Ruhpolding/Obb.; Helios-Literatur-Vertriebs-GmbH, Eichborndamm 141–167, Berlin (West) 52; Kunst und Wissen Erich Bieber OHG, Postfach 46, 7000 Stuttgart 1; Gebrüder Petermann, BUCH + ZEITUNG INTERNATIONAL, Kurfürstenstraße 111, Berlin (West) 30; *Österreich:* Helios-Literatur-Vertriebs-GmbH & Co. KG, Industriestraße B 13, 2345 Brunn am Gebirge; *Schweiz:* Verlagsauslieferung Wissenschaft der Freihofer AG, Weinbergstr. 109, 8033 Zürich; *Alle anderen Länder:* örtlicher Fachbuchhandel; BUCHEXPORT Volkseigener Außenhandelsbetrieb der Deutschen Demokratischen Republik, Postfach 160, DDR – 7010 Leipzig und Leipzig Book Service, Talstraße 29, DDR – 7010 Leipzig

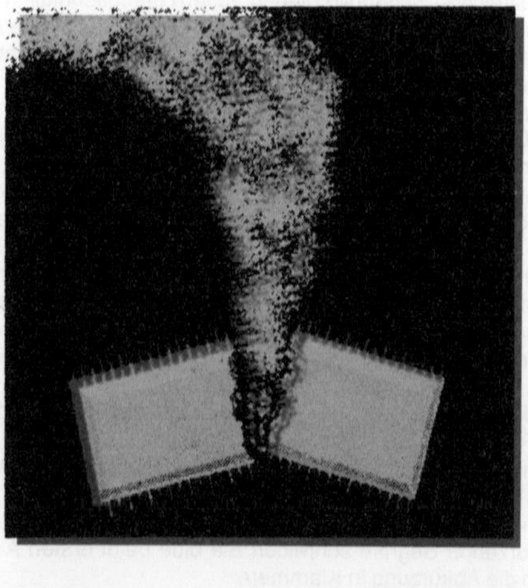

Systeme mit Einchipmikrorechnern – im anglo-amerikanischen Sprachgebrauch auch Mikrocontroller genannt – weisen gegenüber herkömmlichen Mikrorechnersystemen eine höhere Zuverlässigkeit auf. Vorausgesetzt, die Einchipmikrorechner werden richtig eingesetzt, ansonsten kann es einem Schaltungsentwickler schon einmal so ergehen, wie auf unserem Titelbild dargestellt.
In unserem Beitrag „Zuverlässigkeit von Einchipmikrorechnersystemen" auf **Seite 3** werden nach der Behandlung einiger Begriffe der Zuverlässigkeitstheorie Maßnahmen zur Zuverlässigkeitserhöhung abgeleitet und deren Anwendung beim Einsatz von Einchipmikrorechnern erläutert.

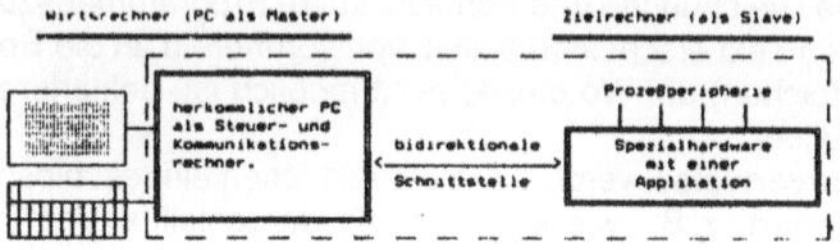

Das Entwickeln, Testen und Inbetriebnehmen von Software für Rechner ohne eigene Standardperipherie (Bildschirm und Tastatur) oder auch für Einchipmikrorechner ist oft nur mit Crossassemblern und Emulatoren möglich.
Unter dem Titel „Ein verteiltes Programmentwicklungskonzept für Mikrorechner" stellen wir Ihnen auf der **Seite 23** ein Verfahren vor, mit dem – beispielsweise von einem PC aus – ein Zielrechner sowohl interaktiv programmiert als auch beobachtet und gesteuert werden kann.

Inhalt

Vorschau

Für das Heft 2/1990 bereiten wir für Sie unter anderem Beiträge zu folgenden Themen vor:
- Mikroelektronik und Meßwerterfassung
- Bussysteme für Multiprozessoranordnungen
- Funktionsinterpreter in Turbo-Pascal

Patentrecherchen per Fernzugriff

In der Erzeugnis- und Verfahrensentwicklung sowie in der Produktion gilt es, mit wissenschaftlich-technischen Spitzenleistungen weiter an Tempo zuzulegen. Das erfordert in den Kombinaten und Betrieben, den aktuellen internationalen Stand auf dem jeweiligen speziellen Gebiet genau zu kennen, die Entwicklungsrichtungen von Wissenschaft und Technik treffsicher zu bestimmen, die einen stabilen Effektivitäts- und Qualitätszuwachs in der Produktion bewirken sollen. Aufgabe der Generaldirektoren der Kombinate ist es, mit den Pflichtenheften die Aufgaben und hohen Leistungsansprüche für neue Erzeugnisse und Verfahren exakt festzulegen.

Eine wichtige Informationsquelle für solide Kenntnis des wissenschaftlich-technischen Weltstandes von Erzeugnissen, Technologien und Verfahren stellt die Patentliteratur dar. Die veröffentlichten Patentdokumente des In- und Auslandes enthalten die umfassendste Sammlung über die in der Welt bereits bekannten technischen und technologischen Ideen und Lösungen. Deren gründliches Studium und wissenschaftliche Analyse sind für eigene anspruchsvolle Aufgabenstellungen unerläßlich, will man den internationalen Anforderungen gerecht werden und den Weltstand mitbestimmen.

Das Amt für Erfindungs- und Patentwesen bietet Kombinaten und Einrichtungen vielfältige Informationsdienste über weltweit veröffentlichte Patente an, so beispielsweise statistische und bibliographische Informationen, Kurzfassungen und vollständige Texte zu Erfindungsbeschreibungen. Vor allem die vom Amt bereitgestellten Patentdatenbanken erweisen sich als besonders effektiver Service. Seit 1988 haben Interessenten in unserer Volkswirtschaft die Möglichkeit, die Datenbank „DDR-Patentdokumente" und „Neuveröffentlichte Erfindungsbeschreibungen des Welt-Patentfonds" im Fernzugriff per Computer und Bildschirm zu nutzen. 1989 wurde das Informationsangebot um die thematische Patentdatenbank „Mikroelektronik" erweitert. Diese Informationsfonds stellt das Rechenzentrum für Patentdatenbanken des VEB Datenverarbeitungszentrum Frankfurt/Oder bereit.

Gegenwärtig nutzen 50 Kombinate sowie Forschungs- und Entwicklungseinrichtungen diese Datenbanken auf der Grundlage von Vereinbarungen mit unserem Amt. In Abstimmung mit dem Amt für Erfindungs- und Patentwesen können sich weitere Interessenten den erwünschten Fernzugriff per Bildschirm über das Datennetz der Deutschen Post erschließen. Zunehmend mehr Einrichtungen können so direkt vom Bildschirmarbeitsplatz aus in der Patentliteratur „nachschlagen".

Das Amt für Erfindungs- und Patentwesen arbeitet gegenwärtig zielstrebig daran, die Verfügbarkeit der vorhandenen Datenbanken zu erhöhen und durch weitere Patentdatenbanken das Informationsangebot zu verbreitern.

L. Janke

Hinweise für unsere Autoren

1. Die einseitig mit Maschine beschriebenen Manuskripte – **2zeilig, 60 Anschläge/Zeile, 30 Zeilen/ Seite** senden Sie bitte **in zweifacher Ausfertigung** an den **VEB Verlag Technik, Redaktion MP, Oranienburger Straße 13/14, Berlin, 1020.**
Als Manuskript können auch **Computerausdrucke** mit einem sauberen und kontrastreichen Schriftbild dienen, sofern durchschnittlich 60 Zeichen pro Zeile eingehalten werden (also wie bei Schreibmaschine **mit Silbentrennung und ohne Blocksatz!**). Bei Verwendung von Matrixdruckern drucken Sie bitte mindestens in **Near Letter Quality (NLQ)**.
2. Der Umfang des Manuskriptes soll im allgemeinen 10 Seiten nicht überschreiten. Die maximale Länge des Textteils von Angeboten und Suchmeldungen **für die Rubrik „Börse"** beträgt **30 Zeilen**.
3. Das Manuskript beginnt mit einer knappen, aber aussagekräftigen Überschrift; es folgen der akademische Grad, der volle Vor- und Zuname und der Ort.
4. Versuchen Sie, dem Leser die Aufnahme der Informationen zu erleichtern, indem Sie bei der Gestaltung des Textteiles folgendes beachten:
   - Der Beitrag muß übersichtlich gegliedert sein! (Zwischenüberschriften, Absätze; eventuell kurze Zusammenfassungen oder die Hervorhebung von Kernsätzen)
   - Wo es der Aussage oder der Anschaulichkeit dient, verwenden Sie bitte Bilder, Tafeln oder Fotos (siehe auch Punkt 6).
   - Versuchen Sie bitte, Ihren Beitrag in einem leichtverständlichen Schreibstil abzufassen.
5. Verwenden Sie die Abkürzungen, die im Duden aufgeführt sind; zusätzlich abzukürzende Begriffe schreiben Sie bitte beim ersten Auftreten aus und setzen die Abkürzung in Klammern.
6. Legen Sie bitte **Bilder, Tafeln und Fotos** als Anhang getrennt numeriert bei und kennzeichnen die Anordnung im Text. Die erläuternden Unterschriften für **alle Bilder und Fotos** schreiben Sie bitte auf ein gesondertes Manuskriptblatt mit dem Vermerk „Bildunterschriften".
Bilder und Tafeln sollten übersichtlich und eindeutig lesbar maschinegeschrieben (auch von Drucker oder Plotter) oder als Bleistiftzeichnung eingereicht werden. Um Satzfehler, insbesondere bei **Programmlistings** zu vermeiden, liefern Sie diese bitte **einzeilig** als **reproduktionsfähige Vorlage** (kontrastreicher Druck mit schwarzem Farbband in NLQ oder Schreibmaschinenschrift auf weißem Papier).
Bitte beachten Sie, daß auch die eingesandten Programme frei von den Rechten Dritter sein müssen.
Schwarzweißfotos sollten das Format 13 cm × 18 cm haben; das Negativ benötigen wir nicht.
Farbfotos stimmen Sie bitte vorher mit der Redaktion ab. Geben Sie bei honorarpflichtigen Fotos den Namen und die Adresse bzw. die Konto-Nummer des Bildautors an!
7. Bedenken Sie bitte, daß die Anzahl der Zeichen pro Zeile im Druck geringer ist als im Manuskript. Passen Sie also im Interesse einer korrekten Wiedergabe die Gleichungen und Formeln, kurze Programmauszüge u. ä., die im laufenden Text erscheinen sollen, von vornherein an die **Spaltenbreite** (etwa 40 Zeichen) an. Wo dieses nicht möglich ist, deklarieren Sie diese Zeilen als Bilder.
8. **Literaturverweise** werden, in Schrägstrichen eingeschlossen, **fortlaufend numeriert**, z. B. „wie in /1/ und /2/ dargestellt wurde", oder „auch Meyer hat in /3/ darauf hingewiesen". Das Verzeichnis der verwendeten Literatur fertigen Sie bitte auf einem gesonderten Manuskriptblatt in der Reihenfolge des Bezugs im Text nach folgendem Schema an:

Literatur

/1/ Menzer, R.; Richter, B.: Neue Technologien für Digitalisiergeräte. Feingerätetechnik, Berlin 34 (1985) 9, S. 386

/2/ Claßen, L.; Oefler, U.: Wissensspeicher Mikrorechnerprogrammierung. VEB Verlag Technik, Berlin 1986

9. Zu jedem Fachartikel schreiben Sie bitte ein etwa 10 Zeilen umfassendes **Referat**, worin das Wesentliche des Beitrages enthalten ist.
10. Bei längeren Fachaufsätzen bitten wir Sie darüber hinaus um ein kurzes **Autorporträt** mit Angaben zu Alter, Ausbildung, beruflichem Werdegang, jetziger Tätigkeit und Aufgabenschwerpunkten.
11. Unterstützen Sie bitte unsere Bemühungen, den Erfahrungsaustausch zu fördern, indem Sie für Interessenten eine betriebliche Kontaktadresse und eine Telefonnummer zur Veröffentlichung angeben.
12. Denken Sie bitte auch daran, daß bei Fachbeiträgen aus Ihrem Arbeitsbereich eine Veröffentlichungsgenehmigung Ihrer Dienststelle erforderlich ist.
13. Nicht zu vergessen sind schließlich die private und die dienstliche Anschrift, Telefonnummern für eventuelle Rückfragen sowie Ihre Konto-Nummer.

Bitte überprüfen Sie das Manuskript vor dem Absenden noch einmal anhand der gegebenen Hinweise – Sie vermeiden unnötige Verzögerungen bei der Bearbeitung und der Veröffentlichung Ihres Beitrages.

Ihre Redaktion MP

Mikroelektronik: Großer Nutzen auch in kleinen Betrieben

Charakteristisch für den Industriebereich der bezirksgeleiteten und Lebensmittelindustrie sind eine Reihe großer zentralgeleiteter Kombinate, aber auch eine Vielzahl kleinerer Betriebe insbesondere der bezirksgeleiteten Industrie. Ihr Produktionsprofil ist breit: Neben den in allen Bezirken ansässigen und für die Bevölkerungsversorgung mit Waren des täglichen Bedarfs bedeutsamen Getränke- und Backwarenproduzenten zählen z. B. leistungsstarke Klein- und Mittelbetriebe der metallverarbeitenden, chemischen, Leicht- und der Schnittholzindustrie sowie Rationalisierungsmittelbaubetriebe dazu.

Eine Reihe von ihnen verfügt über gute Erfahrungen bei der Anwendung der Mikroelektronik, weiß die Vorteile dieser Schlüsseltechnologie zu schätzen, ob bei der rationelleren Gestaltung des Reproduktionsprozesses, in der Erzeugnisentwicklung, hinsichtlich einer material- und energieökonomischen oder zeitsparenden Fertigung sowie verbesserten Arbeitsbedingungen. Derzeit sind in Betrieben der bezirksgeleiteten Industrie z. B. rund 1 200 CAD/CAM-Stationen im Einsatz. Zugleich: Auch Kleinbetriebe lassen zunehmend die Mikroelektronik in ihre Erzeugnisse einfließen. Das Gütezeichen „Q", Patentanmeldungen, Goldmedaillen zu Leipziger Messen und Prädikate für Spitzenleistungen sind Ausdruck für Fortschritte in der Arbeit auf diesem Gebiet.

Die Möglichkeiten der Mikroelektronik machten sich z. B. die Werktätigen im bezirksgeleiteten VEB Berliner Strickmoden zunutze. Rechnergestützt erfolgt hier der Strickmusterentwurf, einschließlich der Farbmusterung, sowie die damit sofort mögliche Steuerung der Fachstrickautomaten. Der Nutzen liegt auf der Hand: Das Strickwarenangebot wird vielseitiger, die Erneuerungsrate erhöht sich auf 80 Prozent, der Zeitaufwand für die Musterung sinkt um 95 Prozent, spürbar verkürzt wird ebenso der Zeitraum vom Musterentwurf bis zur Auslieferung der fertigen Erzeugnisse. Im VEB Metallwerkstätten „Warnow" Rostock konnte mit Hilfe der Mikroelektronik die Produktion von Schäkeln – Anschlagmitteln für Hebezeuge – automatisiert werden. Die Ablaufsteuerung ist effektiver gestaltet und das Prüfen automatisiert worden, so daß die Arbeitsproduktivität um 117 Prozent stieg und 6 Werktätige andere Aufgaben übernehmen konnten.

Eingang findet die Mikroelektronik in einer Vielzahl von Erzeugnissen, die in Klein- und Mittelbetrieben des Bereiches hergestellt werden.

Deutlich zeigt sich also: Die gezielte Anwendung der Schlüsseltechnologie Mikroelektronik bringt auch in kleinen Betrieben unmittelbaren Leistungszuwachs, trägt zugleich bei, das Angebot an hochwertigen Konsumgütern zu bereichern und der Forderung nach anspruchsvollen Zulieferungen gerecht zu werden.

Prof. Dr. K. Borkmann

Zuverlässigkeit von Einchipmikrorechnersystemen

Carsten Knop
VEB Forschung, Entwicklung und Rationalisierung des Schwermaschinen- und Anlagenbaus Magdeburg

Für die Lösung einer Vielzahl von Aufgaben in der Kleinautomatisierung stellt die Familie der Einchipmikrorechner (EMR) ein leistungsfähiges und kostengünstiges Instrumentarium dar. Vor allem in Geräten, Baugruppen und kleineren elektronischen Funktionseinheiten werden EMR zur Überwachung von Prozessen und zur Steuerung von Funktionsabläufen verwendet. Die Konfigurierbarkeit der Ports, die freie Wahl des Bearbeitungsalgorithmus durch das Programm und die möglichen Peripheriefunktionen sorgen für die Flexibilität und damit für das breite Anwendungsspektrum der EMR. Gleichzeitig ergeben sich aber auch Möglichkeiten zur Beeinflussung der Zuverlässigkeit des jeweiligen technischen Systems, die viele Entwickler heute noch nicht konsequent nutzen. Im folgenden werden deshalb einige Begriffe der Zuverlässigkeitstheorie behandelt, allgemeine Maßnahmen zur Zuverlässigkeitserhöhung erläutert und deren praktische Anwendung beim Einsatz von EMR abgeleitet.

Begriffe

Ganz allgemein ist nach /1/ die Zuverlässigkeit ein Ausdruck für das Vorhandensein von Gebrauchseigenschaften innerhalb einer bestimmten Nutzungszeit. Durch das Wirken von äußeren und inneren Einflüssen können sich diese Gebrauchseigenschaften verändern. Dabei kann es zu einem Fehler oder zu einem Ausfall des jeweiligen Systems kommen. /2/ charakterisiert diese Begriffe folgendermaßen:

– Ein Fehler liegt vor, wenn die volle Funktionsfähigkeit eines Systems nicht mehr gewährleistet ist, das heißt, es werden nicht mehr alle Haupt- und Nebenparameter erfüllt (z. B. defekte Kontrollampe in einem Stromversorgungsgerät).

– Ein Ausfall liegt dann vor, wenn die Arbeitsfähigkeit eines Systems nicht mehr gewährleistet ist, das heißt, es werden nicht mehr alle Hauptparameter erfüllt (z. B. Kurzschluß in einem Stromversorgungsgerät).

Zur Beurteilung der Zuverlässigkeit von Systemen werden die Kenngrößen nach /3/ herangezogen. Ihre quantitative Ermittlung erfolgt mit statistischen und wahrscheinlichkeitstheoretischen Mitteln. Bei der praktischen Anwendung ist aber oftmals eine vergleichende Beurteilung mehrerer möglicher Varianten sinnvoll und ausreichend.

Für allgemeine Aussagen wird oft die Dauerverfügbarkeit V_D verwendet. Hierbei kommen mehrere Zuverlässigkeitskenngrößen gleichzeitig zur Anwendung:

$$V_D = \frac{\Theta}{\Theta + \overline{T_A}} \qquad (1)$$

mit: Θ = mittlerer Ausfallabstand
$\overline{T_A}$ = mittlere Ausfalldauer

Diese komplexe Kenngröße faßt die Erwartungen eines Anwenders in bezug auf die Zuverlässigkeit eines technischen Systems zusammen:

– Die Arbeitsfähigkeit muß über einen möglichst langen Zeitraum erhalten bleiben.

– Wenn es zu einem Ausfall kommt, muß dieser in möglichst kurzer Zeit behebbar sein.

Maßnahmen zur Zuverlässigkeitserhöhung

Ausgangspunkt für die Entwicklung eines technischen Systems ist die gründliche Analyse des Prozesses, in dem das System eingesetzt werden soll. Ergibt sich daraus die Forderung nach erhöhter Zuverlässigkeit und Dauerverfügbarkeit, kommen die Prinzipien der Fehlerdiagnose und der Fehlertoleranz zum Einsatz. Die Fehlerdiagnose realisiert eine Überprüfung des Einschaltzustandes und eine zyklische Eigenüberwachung des Systems, ohne den Funktionsumfang im fehlerfreien Fall wesentlich einzuschränken.
Im Fehlerfall schließt sich an die Fehlererkennung die Fehlerlokalisation an. Die Diagnosetiefe ist dabei von der weiteren Auswertung des Fehlersignals abhängig. In einfacheren Systemen wird zumeist nur der Fehler angezeigt und der Bediener damit zu einer Reaktion aufgefordert (z. B. Papierendeerkennung an einem Drucker). Das Ergebnis der Fehlerdiagnose wird aber auch dazu genutzt, das System in einen für den angeschlossenen Prozeß sicheren Zustand zu überführen (Fail-save-Verhalten). Beispiele hierfür sind das Abschalten eines Antriebes beim Ausfall eines Wegmeßsystems, um eine Kollision zu vermeiden, oder das Einschalten eines Lüfters beim Ausfall der Temperaturmessung in einer Steuerung, um eine Überhitzung zu verhindern. Weiterhin kommen die Prinzipien der Fehlerdiagnose bei der Instandsetzung zur Anwendung. Eine hinreichend exakte Fehlerlokalisation (z. B. Ermittlung des defekten Moduls) verkürzt die mittlere Ausfalldauer $\overline{T_A}$ und wirkt nach (1) positiv auf die Dauerverfügbarkeit V_D. Voraussetzung für eine Fehlertoleranz ist das Vorhandensein redundanter Systemelemente. Fehlertoleranz wird in folgenden Schritten erreicht (vgl. /4/ und /5/):

– Fehlerdiagnose mit Fehlererkennung und -lokalisation
– Rekonfiguration
– Wiederanlauf.

Damit wird der mittlere Ausfallabstand Θ gegenüber Systemen ohne Fehlertoleranz vergrößert, was sich nach (1) positiv auf die Dauerverfügbarkeit V_D auswirkt.

Zuverlässigkeit in EMR-Schaltungen

Im folgenden werden einige allgemeine Beispiele für Zuverlässigkeitsmaßnahmen erläutert. Dabei wird der Schwerpunkt auf die Frage der Fehlerdiagnose gelegt. Speziell auf dem Gebiet der Kleinautomatisierung stellt sie ein wichtiges Instrumentarium der Zuverlässigkeitsarbeit dar. In diesem Beitrag werden nur permanente und transiente Hardwarefehler betrachtet. Da es sich bei Softwarefehlern ausschließlich um Entwurfs- und Programmierfehler handelt, können sie in kleinen Systemen, die ausreichend gestestet

Carsten Knop (32) studierte von 1977 bis 1982 an der Technischen Hochschule Ilmenau, Sektion Technische und Biomedizinische Kybernetik. Von 1982 bis 1984 war er an der AdW der DDR tätig. Seit 1984 arbeitet er im VEB Forschung, Entwicklung und Rationalisierung des Schwermaschinen- und Anlagenbaus auf dem Gebiet der Mikrorechentechnik und Digitaltechnik zur Prozeßautomatisierung. 1987 nahm er eine außerplanmäßige Aspirantur an der Sektion Elektronik der Humboldt-Universität zu Berlin auf.

sind, genauso vernachlässigt werden wie Hardwareentwurfsfehler. Ein allgemeiner Programmablauf eines EMR-Systems ist in Bild 1 dargestellt. Er verdeutlicht den sequentiellen Zusammenhang der einzelnen Diagnoseabschnitte.

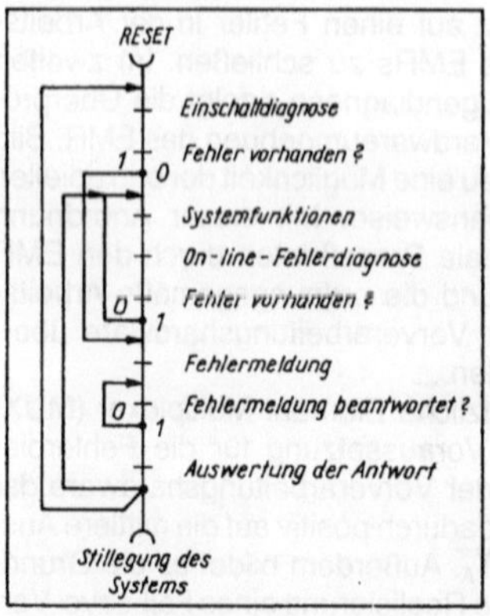

***Bild 1** Allgemeiner Programmablauf eines EMR-Systems*

Nach dem Rücksetzen des EMRs wird zunächst eine Einschaltdiagnose durchlaufen. Im allgemeinen besteht an sie keine Echtzeitanforderung, da die Systemfunktionen zu diesem Zeitpunkt noch nicht arbeiten. Die Einschaltdiagnose wird in mehreren Stufen durchgeführt. Als erstes werden Funktionen überprüft, die unmittelbar den EMR betreffen. Anschließend erfolgt die Überprüfung der Hardwareumgebung des EMRs und zum Schluß die Testung der vorhandenen Prozeßschnittstellen. Dadurch wird weitgehend gewährleistet, daß jeder neue Test nur auf bereits überprüften Systemkomponenten aufbaut.
Zu Beginn der Einschaltdiagnose findet ein ROM-Test statt, da das Vorhandensein des fehlerfreien Speicherinhalts eine Hauptvoraussetzung für die ordnungsgemäße Programmabarbeitung ist. Dieser Test wird meist als Prüfsummenbildung oder CRC-Berechnung über den gesamten ROM durchgeführt. Der Vergleich des ermittelten Ergebnisses mit dem als Konstante gespeicherten Sollergebnis liefert die Entscheidung, ob ein Fehler vorliegt. Anschließend werden die allgemein verwendbaren Register einem RAM-Test unterzogen. Bild 2 zeigt dazu ein Programmbeispiel zum Überprüfen der Schreib- und Lesefunktionen. In ähnlicher Weise ist auch der eventuell vorhandene externe RAM zu prüfen. Weitere EMR-Funktionen sind auf Grund der Komplexität des Bauelementes in der Regel nicht sinnvoll und umfassend zu testen. Ihre Fehlerfreiheit kann nur indirekt an der ordnungsgemäßen Programmabarbeitung überprüft werden. Eine Möglichkeit dazu ist die Installation eines Watch-dog-Ti-

```
TEST:   CLR %4          ;Test des Registers R5
MA1:    LD %5,%4
        CP %4,%5
        JP NZ,FEHL
        INC %4
        JR NZ,MA1
        CLR %5          ;Test des Registers R4
MA2:    LD %4,%5
        CP %5,%4
        JP NZ,FEHL
        INC %5
        JR NZ,MA2
        LD %4,#%6       ;Test der Register R6 - R127
MA3:    CLR %5
MA4:    LD @%4,%5
        CP %5,@%4
        JP NZ,FEHL
        INC %5
        JR NZ,MA4
        INC %4
        CP %4,#%80
        JR NZ,MA3
        .
        .
FEHL:   ....            ;Fehlerbehandlung
```

Bild 2 Programmteil zum Testen der Register

mers nach /6/, der vom EMR zyklisch angesprochen wird. Bleibt dieses Ansprechen aus, so ist auf einen Fehler in der Arbeitsweise des EMRs zu schließen. Im zweiten Teil der Eigendiagnose erfolgt die Überprüfung der Hardwareumgebung des EMR. Bild 3 zeigt dazu eine Möglichkeit der prinzipiellen Herangehensweise. Mit dieser Anordnung können reale Prozeßdaten durch den EMR simuliert und die ordnungsgemäße Arbeitsweise der Vorverarbeitungshardware überprüft werden.

Das zusätzliche Element Multiplexer (MUX) stellt die Voraussetzung für die Fehlerdiagnose in der Vorverarbeitungshardware dar und wirkt dadurch positiv auf die mittlere Ausfalldauer $\overline{T_A}$. Außerdem bildet es die Grundlage für die Realisierung eines Fail-save-Verhaltens und für die Anwendung von Elementen der Fehlertoleranz. Bei richtiger Simulation der Prozeßsignale kann mit dieser Anordnung ein vorhandener Fehler mit hoher Wahrscheinlichkeit erkannt werden.

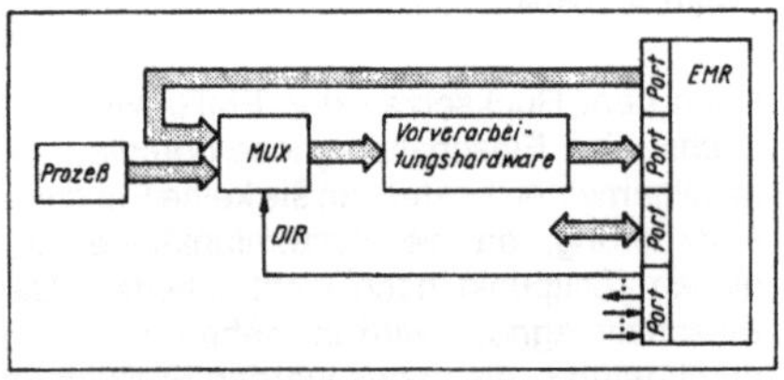

Bild 3 Prinzipschaltung zum Hardwaretest

Die Funktionsweise der Prozeßschnittstelle kann in der Regel nicht vollständig getestet werden. Mit einigen einfachen Maßnahmen lassen sich aber bestimmte Fehler erkennen. Dazu sind die Meßglieder des EMR-Systems abzufragen und die ermittelten Prozeßdaten auf die Einhaltung eines vorgegebenen Wertebereiches zu testen. Liegt eine Bereichsüberschreitung vor, so ist auf einen Fehler in der Prozeßschnittstelle oder im Prozeß zu schließen. Wenn der Prozeß es erlaubt, kann an dieser Stelle noch eine gezielte Prozeßbeeinflussung über die Stellglieder erfolgen. Die entsprechende Reaktion der Meßglieder dient auch hier der Fehlererkennung.

Beim Auftreten eines Fehlers generiert der EMR eine Fehlermeldung. Sie wird in Abhängigkeit von der Systemkonfiguration dem Bediener angezeigt, zum übergeordneten Rechner übertragen oder für die Aktivierung von Fehlertoleranzfunktionen genutzt.

Eine Reaktion auf die Fehlermeldung wertet der EMR aus, und in Abhängigkeit davon erfolgt eine Stillegung (evtl. mit Fail-save-Verhalten), ein Neustart oder eine Fortsetzung der Arbeit des Systems.

Nach dem fehlerfreien Ablauf der Eigendiagnose geht das System zu seiner normalen Funktion über (s. Bild 1). Im Hintergrund wird dabei die Online-Fehlerdiagnose durchgeführt. Sie überwacht zyklisch das System und kann immer aktiviert sein, wenn der EMR nicht für die Systemfunktionen benötigt wird. Es kommt ein großer Teil der Tests zur Anwendung, die bei der Einschaltdiagnose bereits erläutert wurden. Auch weitere Testfunktionen, wie die Überwachung der Versorgungsspannung nach /6/, können sinnvoll angewendet werden. Da nicht bei jedem Aufruf der Online-Fehlerdiagnose alle Tests durchgeführt werden können, ist darauf zu achten, daß Elemente mit hoher Ausfallwahrscheinlichkeit öfter überprüft werden als andere Elemente.

Bei kleineren EMR-Systemen finden die Prinzipien der Fehlertoleranz nur begrenzt Anwendung. Hauptgrund dafür ist der erhöhte Aufwand zur Schaffung redundanter Systemfunktionen. Einen Kompromiß zwischen Aufwand und Leistungsfähigkeit nach dem Auftreten eines Fehlers stellt die Redundanzart Graceful Degradation dar. Diese in /4/ ausführlich beschriebene Redundanzart geht von einer definierten Leistungsminderung im Fehlerfall aus, wobei grundlegende Systemfunktionen aufrechterhalten werden.

Eine weitere zur Anwendung kommende Methode ist die Zeitredundanz. Dabei werden bestimmte Programmteile mehrfach ausgeführt und die Ergebnisse verglichen. Es läßt sich damit ohne zusätzlichen Hardwareaufwand eine Toleranz gegenüber transienten Fehlern erreichen. Die erhöhte Programmlaufzeit ist für viele kleinere EMR-Systeme unkritisch, da keine harten Echtzeitanforderungen bestehen.

Ausblick

Die Bedeutung der Zuverlässigkeit als Bestandteil der Erzeugnisqualität wird auch in den nächsten Jahren stark zunehmen. Diesen Trend unterstützen heute schon einige Bauelementehersteller durch die Bereitstellung von Diagnose- und Fehlertoleranzprinzipien als Hard- und Firmware (vgl. /7/ und /8/). Zur Durchsetzung von Zuverlässigkeitsmaßnahmen in der Systemebene wird der Entwickler aber in immer stärkerem Maße die Prinzipien der Fehlerdiagnose und der Fehlertoleranz zur Anwendung bringen müssen.

Literatur

/1/ Nikolaizik, J.: VEM-Handbuch Zuverlässigkeit von Automatisierungs- und Elektroenergieanlagen. Berlin: VEB Verlag Technik 1981

/2/ TGL 26096/01: Zuverlässigkeit in der Technik, Begriffe.

/3/ TGL 26096/03: Zuverlässigkeit in der Technik, Auswahl von Zuverlässigkeitskenngrößen.

/4/ Kriesel, W.; Schäfer, M.: Fehlertolerante Mikrorechner-Funktionseinheiten mit der Redundanzart Graceful Degradation. Mikroprozessortechnik, Berlin 2 (1988) 6, S. 165

/5/ Fölsch, J.; Porep, H.-G.; Scheel, R.: Fehlertolerante Mikrorechnersysteme. Mikroprozessortechnik, Berlin 2 (1988) 6, S. 163

/6/ Kieser, H.; Bankel, M.: Einchipmikrorechner. Berlin: VEB Verlag Technik 1986

/7/ Anderer, G.: Hinweise zur Auswahl von Hochleistungs-Mikrocomputern. Elektronik, München 37 (1988) 12, S. 74

/8/ Jasukov, V.: Entwicklung sowjetischer Speicher-IS. Radio, Ferns., Elektron., Berlin 36 (1987) 11, S. 687

✉ KONTAKT ☏

VEB Forschung, Entwicklung und Rationalisierung des Schwermaschinen- und Anlagenbaus Magdeburg, Abt. Prozeßautomatisierung, Bleckenburgstraße 25, Magdeburg, 3011; Tel. 4 42 81, App. 23

TERMINE

Weiterbildungsveranstaltungen an der Ingenieurschule für Elektronik und Informationsverarbeitung „Friedrich Engels“ Görlitz

- Einführung in die 16-Bit-Mikrorechentechnik
- Einsatz von Mikrorechnern zur Echtzeitverarbeitung in der Automatisierungstechnik
- Einsatz von Einchipmikrorechnern in der Automatisierungstechnik
- Informationslehrgang anwenderspezifische Schaltungen (ASIC)
- Einsatz von Arbeitsplatzcomputern in der Bürodatenverarbeitung unter dem Betriebssystem DCP
- Einsatz von CAD-Systemen in der Produktionsvorbereitung
- Konzipierung von Datenbankanwendungen und Arbeit mit unterschiedlichen Datenbankbetriebssystemen
- Softwaretechnologie
- Grundlagen der Lichtleittechnik

Beginn für alle Lehrgänge: II./III. Quartal 1990
Ort: Ingenieurschule „Friedrich Engels“, Konsultations- und Weiterbildungszentrum „Mikroelektronik“, PSF 648, Görlitz, 8900

Dr. Ulrich

Fachkolloquium „LAS 700-Signalmapping“

WER? Friedrich-Schiller-Universität Jena
WANN? 13. und 14. Februar 1990
WO? Jena
WAS?
- technisch-methodische Grundlagen des Signalmappings
- Hochleistungsmeßtechnik einschließlich der bis an die technisch-physikalische Grenze gehenden Erfassung von Prozeßparametern an vorgegebenen und ausgewählten Punkten
- Modellvorstellungen zur Rekonstruktion bestimmter Parameterverteilungen oder zur Generierung von Unterscheidungsmerkmalen
- komfortable, im allgemeinen bildhafte Darstellung der Mappingergebnisse und adäquate Auswerteverfahren
- Mapping für medizinische Diagnostik (EEG-EP, MEG)
- Mapping für physikalische und technologische Anwendungen (Auger-Elektronen-Spektroskopie, Inspektion technischer Oberflächen, Qualitätssicherung)

WIE? Anmeldungen für die Teilnahme senden Sie bitte bis Januar 1990 an die Friedrich-Schiller-Universität Jena, Sektion Technologie für den WGB, Technikum LAURA, Organisationskomitee „LAS-700-Signalmapping“, Ernst-Thälmann-Ring 32, Jena, 6900; Tel. 8 20

Prof. Dr. sc. Entreß

Eingabemasken mit Turbo-Pascal

Bernd Matzke, Delitzsch

Die Programmiersprache Turbo-Pascal ist weit verbreitet, aber trotz aller Vorzüge sind einige Details, beispielsweise die Standardprozeduren zur Eingabe, recht spartanisch geraten. Gerade hier wären aber oft komfortablere Möglichkeiten, wie sie zum Beispiel in dBase verfügbar sind, wünschenswert.

Im folgenden sollen einige Prozeduren zur maskengesteuerten Eingabe von Werten beschrieben werden, die dem Turbo-Pascal-Programmierer ähnliche Möglichkeiten wie die dBase-Befehle GET und READ bieten.
Das Programm entstand auf einem A 7100 unter SCP 1700. Bei der Nachnutzung der Prozeduren auf der 8-Bit-Technik ergeben sich geringfügige Unterschiede, auf die im Text und im Programmlisting hingewiesen wird.
Die Übernahme des unveränderten Programms unter MS-DOS erscheint möglich. konnte aber mangels entsprechender Technik nicht erprobt werden.

Wenn eine maskenorientierte Erfassung von Daten erfolgen soll, so ist ein indizierter Zugriff auf die einzelnen Elemente der Maske. also die Vereinbarung als *Array*, erforderlich.
Da die Kursor-Steuertasten (^E, ^S, ^D, ^X) zur Auswahl eines Maskenfeldes benutzt werden sollen, müssen Tastaturabfragen zeichenweise erfolgen. Damit ist die Vereinbarung der innerhalb der Maske zu editierenden Variablen als ARRAY of CHAR oder einfacher als STRING notwendig.
Die Konvertierung aller Variablen in den gemeinsamen Datentyp STRING ist durch die entsprechende Prozedur zum Aufbau der Maske auszuführen, soll also nicht speziell für jede Maske neu programmiert werden.

Das Prinzip

Die Prozedur GET_MASKE baut ein Array auf, in dem alle zur Realisierung der Maske notwendigen Daten gespeichert werden. Vor allem sind dies die Adresse und der Typ der einzugebenden Variablen, ein Eingabefilter (ähnlich PICTURE unter dBase) sowie Daten zum Bildaufbau.
In der Prozedur wird der Inhalt der übergebenen Variable in einen String gewandelt und im Array MASKE zwischengespeichert.
Nach dem Definieren der Maske mit GET_MASKE wird mit READ_MASKE das Editieren der Bildschirmmaske eingeleitet.
Die Maske wird auf dem Bildschirm dargestellt, anschließend können Werte eingegeben werden. Das gerade zu bearbeitende Feld wird hell und invers dargestellt. Bei der Eingabe ist ein Eingabefilter wirksam.
Nach Verlassen eines Feldes wird der String in eine Variable des ursprünglichen Typs gewandelt und deren Inhalt an die entsprechende Adresse im Hauptspeicher übertragen. Der auf dem Bildschirm angezeigte String wird entsprechend der Umwandlung korrigiert.
Mit diesem Verfahren können die ansonsten durch die Typvereinbarungen auftretenden Beschränkungen umgangen und beliebige Variableninhalte zeichenweise editiert werden.
Der Editiervorgang wird zum Abschluß der Bearbeitung des letzten Feldes mit ET oder Control-X beendet.

Die Prozeduren

Dem Programmierer stehen die fünf Prozeduren CLEAR_MASKE, GET_MASKE, READ_MASKE, SAY_MASKE und ERASE_MASKE zur Verfügung. Alle anderen, hier global zugänglichen Variablen und Prozeduren sollten nicht verwendet werden. Um versehentliche Doppelvereinbarungen in anderen Programmteilen zu vermeiden und die Übersichtlichkeit zu erhöhen, erhielten die betreffenden Bezeichner den Vorsatz **m**.

Die Prozedur **CLEAR_GET** setzt den Anfangswert zum Aufbau der Maske.
Sie muß aufgerufen werden, bevor mit dem Aufbau einer neuen Maske begonnen wird.

Die Prozedur **GET_MASKE** baut das Array MASKE auf, in dem alle Daten für den Aufbau der Bildschirmmaske gespeichert werden.
Die Übergabe der Variablen erfolgt typfrei, weil durch die Prozedur Variablen unterschiedlichen Typs verarbeitet werden müssen. Da der Prozedur aber zur Umwandlung der Variablen in einen String und zum späteren Rückschreiben des eingegebenen Wertes der Typ der Variablen bekannt sein muß, wird dieser durch VARTYP mitgeteilt. Die Verwendung des richtigen Typ-Bezeichners liegt in der Verantwortung des Programmierers, eine Prüfung kann nicht erfolgen.
Den Variablen vom Typ Integer und Real sollte, aber denen vom Typ String *muß* vor Aufruf von GET_MASKE ein Wert zugewiesen werden, um Störungen des Bildaufbaus zu vermeiden.
Das Einlesen des Inhaltes erfolgt, indem auf die Adresse der typfreien Variablen V ein Varianten-Record mit drei Hilfsvariablen der Typen Integer, Real und String gelegt wird, die den typgerechten Zugriff auf die Variable ermöglichen. Folgende Werte müssen der Prozedur übergeben werden:

V	ist die zu editierende Variable.
VARTYP	kennzeichnet den Typ der Variablen V.

```
PROGRAM demo; {Demonstration Eingabemasken }
{$V-}                                          {Stringlaengenpruefung aus}
{$C-}                                        {kein Abbruch bei Control-C}
TYPE da = RECORD
            bez   :STRING[30];
            matnr:INTEGER;
            preis:REAL;
          END;
VAR datensatz:da;

{$I maske}          {File mit Prozeduren zur maskennesteuerten Eingabe}

PROCEDURE demo_proz;
VAR a:STRING[20];
    b:STRING[5];
    c:INTEGER;
    d:REAL;
BEGIN
  a:='abcdef'; b:=''; c:=999; d:=-5.555;
  clear_get;
  get_maske(a,string_typ, 'String1:','!XXXXXXX',2, 1,SizeOf(a),20,0);
  get_maske(b,string_typ, 'String2:','!'       ,2,30,SizeOf(b), 5,0);
  get_maske(c,integer_typ,'Integer:','999'     ,4, 1,SizeOf(c), 3,0);
  get_maske(d,real_typ,   'Real    :','999999' ,4,30,SizeOf(d), 6,1);
  { d wird auf -5.6 gerundet, da nur eine Nachkommastelle              }
  read_maske;                                            {Maske editieren}
  erase_maske;
  GotoXY(1,18);
  WriteLn('Inhalt Maske 2:');
  WriteLn(a); WriteLn(b); WriteLn(c); WriteLn(d);
  Delay(2000);
  say_maske;                                  { anzeigen zur Demonstration}
END;

BEGIN
  ClrScr;
  WITH datensatz DO BEGIN
    bez:='';
    matnr:=12345;               {die letze Stelle wird abgeschniten da ST=4}
    preis:=0.0;
    clear_get;
    get_maske(bez,  string_typ, 'Bezeichnung: ',
              '!',1,1,SizeOf(bez),30,0);
    get_maske(matnr,integer_typ,'Mat.nummer : ',
              '9999',2,1,SizeOf(matnr),4,0);
    get_maske(preis,real_typ,   'Preis      : ',
              '9999999',3,1,SizeOf(preis),7,2);
  END;
  read_maske;
  GotoXY(1,8);
  WriteLn('Inhalt Maske 1:');
  WITH datensatz DO BEGIN
    WriteLn('Bezeichnung:',bez);
    WriteLn('Nummer     :',matnr);
    WriteLn('Preis      :',preis);
  END;
  Delay(2000);
  erase_maske;                       {loeschen der Maske auf dem Bildschirm}
  demo_proz;
  GotoXY(1,23);
END.
```

Bild 1 Demonstrationsprogramm zur Arbeit mit Eingabemasken

NAME	ist der erläuternde Name des einzugebenden Elementes, z. B. „Name", „Bestellnummer" o. ä.
PICT	ist ein String, der Filterzeichen zur Steuerung der Eingabe angibt.
ZEILE, SPALTE	legen Zeilen- und Spaltennummer fest, in der das Feld beginnen soll.
SIZE	gibt die mit SizeOf (var) zu ermittelnde Größe der Variablen V in Byte an.
ST, KST	Gesamtstellenzahl und Zahl der Nachkommastellen

Der Wert ST bestimmt die maximale Anzahl der einzugebenden Zeichen. Es ist dadurch möglich, die Stellenzahl des einzugebenden Wertes zu begrenzen (z. B. dreistellige Integer-Zahl). Beim Aufbau der Maske können dadurch eventuell Zeichen verloren gehen und damit ungewollt Wertverfälschungen auftreten, wenn die Stellenzahl zu klein gewählt wird (siehe Bild 1).

In der Prozedur **READ_MASKE** wird die Maske mit den Inhalten der einzelnen Elemente auf dem Bildschirm dargestellt. Anschließend werden die einzelnen Elemente editiert. Dazu stehen die folgenden Steuertasten zur Verfügung:

[Ctrl]-X oder ET	**ein Feld vorwärts**
[Ctrl]-E	**ein Feld zurück**
[Ctrl]-R	**erstes Feld**
[Ctrl]-C	**letztes Feld**
[Ctrl]-D	**Kursor ein Zeichen nach rechts**
[Ctrl]-S	**Kursor ein Zeichen nach links**
DEL und Backspace	**Zeichen links vom Kursor löschen**

Durch das Feld PICTURE im Array MASKE wird ein Eingabefilter definiert. Folgende Zeichen bewirken eine Filterfunktion:

Leerzeichen: Alle Zeichen werden unverändert übernommen.

! Umwandlung in Großbuchstaben, es werden nur Buchstaben und das Leerzeichen akzeptiert.

X Es werden nur Buchstaben oder Leerzeichen akzeptiert.

9 Es können nur Ziffern, das Leerzeichen und das negative Vorzeichen eingegeben werden.

Ist der beim Aufbau der Maske übergebene Filter-String kürzer als die maximale Stellenzahl, so wird er mit Leerzeichen aufgefüllt.

Die Prozedur wird verlassen, wenn das letzte Maskenfeld verlassen wird.

Die Prozedur **UMWAND_MASKE** wandelt den editierten String in eine Hilfsvariable des Typs der Quellvariablen um und überträgt den Inhalt der Hilfsvariablen auf deren Adresse.

Der Zugriff auf die Quellvariable wird durch einen POINTER TO INTEGER ermöglicht. Der Typ des Zeigers ist hier aber bedeutungslos, da durch die Standardprozedur MOVE keine Typprüfung von Quelle und Ziel des Datentransports erfolgt.

Er wird lediglich verwendet, da typfreie Zeiger nicht erzeugt werden können.

Die Prozedur **SAY_MASKE** stellt die Maske auf dem Bildschirm dar, ohne daß das Editie-

Bild 2 Include-Datei MASKE. PAS

```
{************************************************************************}
{* Include-File zur maskengesteuerten Eingabe unter Turbo-Pascal       *}
{* BS: SCP1700 Rechner:A7100                            B.Matzke 1989 *}
{************************************************************************}
CONST m_norm = ^['[0m';              {Videosteuerzeichen normale Darstellung}
      m_hinv = ^['[0m'^['[1m'^['[7m';                          {hell invers}
              {bei 8-Bit Steuerzeichen durch leeren String ('') ersetzen}

TYPE  m_var = (integer_typ,string_typ,real_typ);
      m_str = STRING[80];        {je nach laengstem zu editierndern String}
      m_typ = RECORD
                  feldname,                          {Bezeichnung des Feldes}
                  inhalt,                                  {Wert als String}
                  picture: m_str;                            {Eingabefilter}
                  typ    : m_var;                      {Typ der Variablen}
                  xpos,                            {Spalte fuer Feldbeginn}
                  ypos,                            {Zeile    ,,        ,,  }
                  stellen,                     {Anzahl einzulesende Zeichen}
                  kommast,                  {Anzahl Kommastellen bei REAL}
                  groesse: INTEGER;   {Seicherbedarf der Variablen in Byte}
                  posit  :^INTEGER;                   {Zeiger auf Variable}
              END;
      m_array = ARRAY[1..10] OF m_typ;                  {Anzahl nach Bedarf}
      m_help  = RECORD CASE INTEGER OF        {dient zur beliebigen Inter-}
                    1:(i: INTEGER);           {pretation einer typfreien  }
                    2:(r: REAL);              {Variable                   }
                    3:(s: m_str);
                  END;

VAR m_maske:m_array;
    m_max:INTEGER;                      {Anzahl der wirklich genutzten Felder}

PROCEDURE m_wandel(VAR maskenfeld :m_typ; help :m_help);
{wandelt Quellvariable in String um, es wird maximal die mit STELLEN    }
{festgelegte Zeichenzahl beruecksichtigt !!!                            }
BEGIN
  WITH maskenfeld DO BEGIN
    CASE typ OF
      integer_typ: Str(help.i:stellen,inhalt);
      real_typ   : Str(help.r:stellen:kommast,inhalt);
      string_typ : inhalt:=help.s;
    END;
    inhalt:=Copy(inhalt,1,stellen);
    WHILE Length(inhalt) < stellen DO inhalt:=inhalt+' ';
  END;
END;

PROCEDURE m_ls(x,y,l :INTEGER; video :m_str);
{gibt an der Position x,y einen Leerstring mit l Leerzeichen aus        }
{die darstellung erfolgt entsprechend dem uebergebenen video-attribut   }
VAR n:INTEGER;
BEGIN
  GotoXY(x,y);
  Write(video);
  FOR n:=1 TO l DO Write(' ');
  Write(m_norm);
END;

PROCEDURE m_writefeld(num :INTEGER; video :m_str);
{Bezeichnung und Inhalt des Feldes NUM mit Video-Attribut ausschreiben  }
BEGIN
  IF num IN [1..m_max] THEN BEGIN
    WITH m_maske[num] DO BEGIN
      m_ls(xpos+Length(feldname),ypos,stellen,video);
      GotoXY(xpos,ypos);
      Write(feldname,video,inhalt,m_norm);
      GotoXY(xpos+Length(feldname),ypos);           {Kursor an Feldanfang}
    END;
  END;
END;

PROCEDURE say_maske;              {darstellen der Maske auf dem Bildschirm}
VAR n:INTEGER;
BEGIN FOR n:=1 TO m_max DO m_writefeld(n,m_norm); END;

PROCEDURE erase_maske;               {loeschen der Maske auf dem Bildschirm}
VAR n:INTEGER;
BEGIN
  FOR n:=1 TO m_max DO
    WITH m_maske[n] DO
      m_ls(xpos,ypos,Length(feldname)+Length(inhalt),m_norm);
END;

PROCEDURE clear_get;              {loeschen der gesammten Masken-Definition}
BEGIN m_max:=0; END;

PROCEDURE get_maske(VAR v; vartyp: m_var; name,pict :m_str;
                        zeile,spalte,size,st,kst :INTEGER);
VAR help_var: m_help ABSOLUTE v;          {ermoeglicht Interpretation von v}
BEGIN
  m_max:= m_max+1;
  WHILE Length(pict) < st DO pict:=pict+' ';
  WITH m_maske[m_max] DO BEGIN
    feldname:=name;   picture:=pict;
    stellen :=st;     kommast:=kst;
    xpos    :=spalte; ypos   :=zeile;
    typ     :=vartyp; groesse :=size;
    posit  :=Addr(v);                           {bei 8-Bit: Ptr(Addr(v)) }
    m_wandel(m_maske[m_max],help_var);                 {wandeln v in String}
  END;
END;
```

```
PROCEDURE read_maske;     {editieren der Felder INHALT des Masken-Arrays}
CONST ET  = ^M;                              {Tastaturcode fuer ENTER-Taste}
      DEL = #127;                            {    ,,        ,,   DEL - Taste}
      BS  = #8;                              {    ,,        ,,   Backspace  }
VAR num:INTEGER;
    kupos:INTEGER;          {Kursorposition innerhalb des Strings INHALT}
    t:CHAR;

  PROCEDURE umwand_feld(num:INTEGER);
  {wandelt INHALT in Variable des mit TYP festgelegten Typs und        }
  {uebertraegt diese in die Quellvariable, INHALT wird entsprechend der }
  {Umwandlung korrigiert}
  VAR h: m_help;
      f: INTEGER;
  BEGIN
    IF num IN [1..m_max] THEN BEGIN
      WITH m_maske[num] DO BEGIN
        IF typ <> string_typ THEN BEGIN  {fuehrende Leerzeichen unterdr.}
          WHILE (Length(inhalt)>0) AND (inhalt[1]=' ') DO
            inhalt:=Copy(inhalt,2,Length(inhalt));
          IF Length(inhalt)=0 THEN inhalt:='0'; {sonst falsches Ergebnis}
        END;                                   {bei Val(...)            }
        CASE typ OF                     {Umwandeln String in Hilfsvariable}
          integer_typ: REPEAT
                         Val(inhalt,h.i,f);
                         IF f<>0 THEN inhalt:=Copy(inhalt,1,f-1);
                       UNTIL f=0;
          real_typ   : REPEAT
                         Val(inhalt,h.r,f);
                         IF f<>0 THEN inhalt:=Copy(inhalt,1,f-1);
                       UNTIL f=0;
          string_typ : h.s:=inhalt;
        END;
        Move(h,posit^,groesse);                 {uebertragen Hilfsvariable}
        m_wandel(m_maske[num],h);                  {korrigiereren String}
      END;
    END;
  END;

  PROCEDURE neues_feld(VAR num :INTEGER; t :CHAR);
  {Weiterschalten des aktivierten Feldes }
  BEGIN
    umwand_feld(num);                      {abspeichern editierter Wert}
    m_writefeld(num,m_norm);            {altes Feld in normaler Darst.}
    CASE t OF
       ^E:IF num > 1 THEN num:=num-1;
    ^X,ET:IF num <= m_max THEN num:=num+1;
       ^R:num:=1;
       ^C:num:=m_max;
    END;
    m_writefeld(num,m_hinv);                   {neues Feld hell-invers}
    kupos:=1;                                  {Kursor auf Feldanfang}
  END;

BEGIN {read_maske}
  say_maske;
  num:=0;
  neues_feld(num,^X);
  REPEAT
    Read(KBD,t);
    CASE t OF
             ^D: IF kupos < m_maske[num].stellen THEN kupos:=kupos+1;
             ^S: IF kupos > 1 THEN kupos:=kupos - 1;
  ^R,^C,^X,^E,ET: neues_feld(num,t);
      ' '..'z': BEGIN
               IF kupos <= m_maske[num].stellen THEN BEGIN
                 CASE m_maske[num].picture[kupos] OF
                   '!':IF t IN [' ','A'..'z'] THEN BEGIN
                         m_maske[num].inhalt[kupos]:=Upcase(t);
                         Write(m_hinv,Upcase(t),m_norm);
                         kupos:=kupos+1;
                       END;
                   'X':IF t IN [' ','A'..'z'] THEN BEGIN
                         m_maske[num].inhalt[kupos]:=t;
                         Write(m_hinv,t,m_norm);
                         kupos:=kupos+1;
                       END;
                   '9':IF t IN [' ','.','-','0'..'9'] THEN BEGIN
                         m_maske[num].inhalt[kupos]:=t;
                         Write(m_hinv,t,m_norm);
                         kupos:=kupos+1;
                       END;
                    ':BEGIN
                         m_maske[num].inhalt[kupos]:=t;
                         Write(m_hinv,t,m_norm);
                         kupos:=kupos+1;
                       END;
                 END;
               END;
             END;
       DEL,BS: BEGIN
               IF kupos > 1 THEN BEGIN
                 m_maske[num].inhalt:=
                   Copy(m_maske[num].inhalt,1,kupos-2)+
                   Copy(m_maske[num].inhalt,kupos,
                        m_maske[num].stellen-kupos+1)+' ';
                 m_writefeld(num,m_hinv);
                 kupos:=kupos-1;
               END;
             END;
    END;
    IF num IN [1..m_max] THEN
      GotoXY(m_maske[num].xpos + Length(m_maske[num].feldname) + kupos-1,
             m_maske[num].ypos);      {setzen Kursor auf korrekte Position}
  UNTIL num>m_max;
END;
```

ren eingeleitet wird. Sie wird zwar von von READ_MASKE verwendet, kann aber auch allein aufgerufen werden, wenn lediglich die Ausgabe bestimmter Informationen in definierter Form gewünscht wird.

Die Prozedur **ERASE_MASKE** löscht die auf dem Bildschirm angezeigte Maske, ohne das Array MASKE oder andere Werte zu verändern. Sie kann verwendet werden, wenn die Maske gelöscht werden soll, ohne den übrigen Bildschirmaufbau zu beeinflussen.

Übergang zu anderen Betriebssystemen

Im Programm werden **keine Tricks** verwendet, die an die Gegebenheiten eines speziellen Rechners oder Betriebssystems gebunden sind.

Probleme können sich lediglich durch die Verwendung der Bildschirmsteuerzeichen ergeben, die hier benutzt werden, um den gerade zu editierenden Wert hervorzuheben. Gerade in dieser Frage bestehen prinzipielle Unterschiede zwischen den Geräten der 8- und 16-Bit-Technik.

Es ist empfehlenswert, bei Verwendung anderer Betriebssysteme bzw. Rechner auf die Nutzung der Bildschirmattribute zu verzichten. Die Markierung des gerade zu editioronden Elementes erfolgt ohnehin durch den Kursor. Die beiden Steuerzeichenfolgen in der Konstantenvereinbarung werden dazu einfach durch zwei Leerstrings ersetzt, dies erspart das Streichen der entsprechenden Bezeichner im gesammten Quelltext.

Die Portabilität des Programms wird durch den Wegfall der Bildschirmsteuerzeichen erhöht.

Die einzige echte Quelltextänderung wird bei Nutzung der 8-Bit-Technik erforderlich. Die Zuweisung der Variablenadresse zum Zeiger POSIT erfolgt hier durch PTR(ADDR(v)) anstelle von ADDR(v). Zur Nutzung der Prozeduren unter Turbo-Pascal 4.0 bzw. 5.0 kann ich leider noch keine Aussagen treffen.

TERMINE

Der Bezirksfachausschuß Mikroelektronik beim Bezirksvorstand Berlin der KDT führt im ersten Halbjahr 1990 Spezialkonsultationen zu folgenden Themen durch:

14. Febr. Rechnergestütztes Informationssystem Steuerungstechnik – Ein Werkzeug für den Hard- und Softwareentwickler
21. März Stand und Trend der digitalen Tonsignaltechnik
11. April Probleme der computergesteuerten Bilderkennung und -vorbereitung an einem Beispiel aus der Landwirtschaft
9. Mai Probleme der Datensicherung auf PC
20. Juni Anwendungsumgebungen von Leiterplatten-CAD-Lösungen

Änderungen sind dem Bezirksfachausschuß Mikroelektronik vorbehalten. Die Teilnahme an den Konsultationen bedarf keiner Anmeldung und ist kostenlos. *Die Konsultationen finden jeweils 14.00 Uhr im Haus der KDT, 1086 Berlin, Kronenstraße 18, statt.* *Driese*

ROM-Erweiterungen für IBM-PCs

Jens Immig
Akademie der Wissenschaften der DDR, Institut für Kosmosforschung

Einer der wesentlichen Vorteile der IBM PC/XT,/AT und ihrer Kompatiblen ist der modulare Aufbau ihres Systems, der ein problemloses Wechseln oder Ausbauen der Rechnerkonfiguration zuläßt. So ist es auch möglich, daß Rechner dieser Familie mit Modulen ausgerüstet werden können, die erst zu späteren Zeitpunkten entwickelt wurden.

Funktion des BIOS

Zur Schaffung einheitlicher Schnittstellen zu der vom Hersteller verwendeten Hardware wird der Hardware-Kern des Rechners (der Prozessor) in einen Software-Kern eingebettet. Dieser Software-Kern ist das *Basic Input Output System* (BIOS). Das BIOS befindet sich zum größten Teil fest auf ROM-Bausteinen, welche sich auf der Grundplatine des Rechners befinden.

Das Firmware-BIOS (BIOS der Grundkonfiguration des Rechners) steht im ROM ab Adresse FE000H, der Prozessor startet ab Adresse FFFF0H. Dort findet er die Information, an welcher Stelle er fortfahren muß /1/.

Meist ist es möglich, auf der Grundplatine weitere BIOS-Routinen auf ROM-Steckplätzen unterzubringen, wobei die Steckplätze auf der Grundplatine festen Adressen zugeordnet sind.

Die BIOS-Eintrittsstelle ist eine im RAM ab Adresse 00000 organisierte Liste, in welcher die Anfangsadressen der aktuellen Softwareinterruptroutinen, der sogenannten BIOS-Interrupts steht. Im Verlauf der Grundinitialisierung wird hier eine minimalen Ansprüchen genügende Liste der Serviceroutinen aufgebaut, die im ROM-BIOS enthalten sind. Um hier mehr Komfort zu gewährleisten, wird meist außer dem DISK-Manager (DOS), welcher einige der anfallenden Routinearbeiten zum Zugriff auf einen Datenträger (z. B. Disk) übernimmt, auch ein BIOS.COM geladen (RAM-resident).

Diese Systemroutinen sind die Standardgerätetreiber. Die Gerätetreiber stellen die Schnittstelle zwischen dem Betriebssystem und den Geräten dar.

Wozu ROM-Erweiterungen?

Nun kann das Original-ROM-BIOS eines Rechners unmöglich die Unterstützungsprogramme für zukünftige Geräteentwicklungen bereitstellen. Um dennoch solche Geräte an den Computern stationieren zu können, wurde von den PC-Geräteentwicklern eine kluge Entwurfsstrategie für die PCs geschaffen. Es gibt erstens die bereits oben genannte Möglichkeit, auf ROM-Steckplätzen der Grundplatine weitere BIOS-Routinen unterzubringen. Zweitens wird beim Laden des Betriebssystems (MS-DOS/PC-DOS, im folgenden kurz mit DOS bezeichnet) im Rootverzeichnis (Grundverzeichnis) des Ladegerätes eine Konfigurationsdatei mit dem Namen CONFIG.SYS gesucht, die Angaben zum Einstellen von Systemparametern und zu speziellen Geräten enthält /2/. Innerhalb dieser Datei können durch die Anweisung DEVICE (siehe /2/, S. 41) neue Gerätetreiber in die Behandlung durch DOS einbezogen werden. Hier können neben den zum DOS gehörenden Treibern sowohl die von Herstellern von Spezialgeräten mitgelieferten Treiber als auch eigene Treiber eingebunden werden. Diese Treiber müssen die vorhandenen BIOS-Routinen nutzen oder direkt die entsprechenden Bausteine über Ports und Adressen programmieren /2/. (Der Treiber CDRIVE stellt z. B. ein Diskettenlaufwerk auf CP/M-Format ein.) Auch während der Arbeit am Rechner können neue Gerätetreiber geladen werden.

Drittens sind beim PC/XT,/AT und bei kompatiblen Rechnern genau festgelegte Speicherbereiche innerhalb des direkt adressierbaren Speicherraums für die Schaffung von Erweiterungen reserviert. Diese Adressbereiche (C0000H bis EC000H) sind auch durch ROM-Erweiterungen nutzbar. ROM-Erweiterungen sind auf ROM-(oder EPROM-)Bausteinen untergebracht, die auf den steckbaren Adaptern sitzen. Werden diese Adapter in die dafür vorgesehenen Steckverbinder auf der Grundplatine gesteckt, so erfolgt eine direkte Verbindung mit dem Rechnerbus.

ROM-Erweiterungen sind in der Regel Unterstützungsprogramme für neue Peripherie. Als Beispiele seien hier das Hilfsprogramm für ein eingebautes Festplattenlaufwerk oder das Video-ROM von hochauflösenden (High Resolution) Color-Grafikadaptern genannt.

Das Prinzip von ROM-Erweiterungen

Das Prinzip der BIOS-Erweiterung durch zusätzliche Komponenten beruht darauf, daß diese Komponenten BIOS-Interrupts emulieren, das heißt durch Eintragen der eigenen Adresse (4 Byte) in die Interrupttabelle eine BIOS-Funktion vollständig übernehmen. Folgende Aufgaben können durch ROM-Erweiterungen übernommen werden:

- Konfigurationstest und Initialisierung der dazugehörigen Hardware
- Umlenken von BIOS-Interrupts
- Meldung für Benutzer auf dem Bildschirm.

ROM-Erweiterungen werden beim Startprozeß des Rechners mit berücksichtigt. Um sie zu finden, sucht der Standard-ROM im Adreßbereich von der absoluten Adresse C8000H bis E0000H alle 2 KByte nach dem Kennzeichen für ROM-Erweiterungen (55AAH). Wird ein solches Kennzeichen gefunden, so übergibt das Startprogramm die Kontrolle an die ROM-Erweiterung, damit diese alle zu ihrer Integration nötigen Maßnahmen veranlassen kann. Ist die Initialisierung abgeschlossen, gibt die Erweiterung die Kontrolle an das Startprogramm zurück, das in seiner Aufgabe an dieser Stelle fortfährt /3/.

Die ROM-Erweiterungen haben gegenüber den ladbaren Treibern den Vorteil, daß sie keinen zusätzlichen RAM benötigen (es sei denn, das Programm der Erweiterung veranlaßt ein Beschreiben des RAMs). Sie werden immer dann verwendet, wenn ein Peripheriegerät schon während des Startprozesses des Rechners initialisiert werden soll (z. B. Grafikadapter).

Aufbau von ROM-Erweiterungen

Soll eine ROM-Erweiterung zum Beispiel als Unterstützungsprogramm oder als Initialisierung für ein selbstentwickeltes Peripheriegerät geschaffen werden, so müssen einige wichtige Details beachtet werden.

Jens Immig (24) studierte von 1985 bis 1988 an der Ingenieurschule für Maschinenbau und Elektrotechnik Berlin (heute Ingenieurhochschule Berlin) in der Spezialisierungsrichtung Mikrorechentechnik. Seit 1988 arbeitet er am Institut für Kosmosforschung der Akademie der Wissenschaften als Forschungsingenieur. Hier befaßt er sich mit Hard- und Software für 16-Bit-Mikrorechnersysteme.

Der Bereich von der absoluten Adresse C0000H bis C8000H muß für die Video-ROMs frei gehalten werden. Dieser Bereich wird nur auf Treiberprogramme für Grafikkarten wie EGA (Enhanced Graphics Adapter), VGA (Video Graphics Array) o. ä. untersucht /4/. Ist eine Festplatte angeschlossen (heute Standardausrüstung für IBM PCs und Kompatible), so befindet sich die dafür notwendige ROM-Erweiterung des Festplattencontrollers auf der Adresse C8000H. Wurde ein zweiter Festplattencontroller installiert, so ist seine Treiberroutine bei CA000H zu finden. Die Hilfsprogramme für Festplatten umfassen jeweils 8 KByte, so daß man eine eigene ROM-Erweiterung erst auf die Adresse CC000H oder am günstigsten erst ab D0000H bzw. dahinter legen sollte.

Da der Bereich von der Adresse D0000H bis EC000H für Erweiterungen (z. B. auch RAM-Erweiterungen) freigehalten wurde, ist es nie ganz ausgeschlossen, daß man mit Routinen oder Bereichen anderer Module in Konflikt gerät. Deshalb sollte man sich zunächst genau mit der Konfiguration seines Rechners vertraut machen.

Damit eine Adapter-ROM-Erweiterung von der Startroutine beachtet wird, muß sie wie folgt aufgebaut sein:

Sie muß bei einer physischen Adresse beginnen, die sich aus ADR = C8000H + (N * 2 KByte) (N = 1, 2, 3...) ergibt (maximal E0000H). Am Beginn muß die Kennung für ROM-Erweiterungen stehen. Das sind die beiden aufeinanderfolgenden Bytes 55H AAH.

Das dritte Byte ist ein Längenanzeiger. Der hier stehende Wert gibt Auskunft über die Anzahl der 512-Byte-Blöcke, die Bestandteil der aktuellen ROM-Erweiterung sind. Dabei ist wichtig, daß auch ein angefangener 512-Byte-Block am Ende des ROM-Programms (vollständig!) als Bestandteil der Erweiterung anzusehen ist. Von der Startroutine des Rechners wird diese Information für einen Prüfsummentest benötigt, bei dem festgestellt wird, ob es sich um eine korrekte, vollständige ROM-Erweiterung handelt. Bei diesem Test werden alle Bytes des so definierten ROM-Moduls (einschließlich der Kennung 55AAH) modulo 100H addiert. Ist die ermittelte Summe gleich Null, so wird durch CALL FAR auf das Byte mit dem Offset 3 des ROMs gesprungen, bei dem das lauffähige Maschinenprogramm beginnen muß. Ist die Summe ungleich Null, so wird eine Fehlermeldung ausgegeben. Es ist also wichtig, innerhalb der ROM-Erweiterung ein Ausgleichsbyte zu setzen, welches die Summe (modulo 100H) über alle Bytes der definierten 512-Byte-Blöcke gleich Null werden läßt.

Bei den ROM-BIOS-Erweiterungen auf den festen Steckplätzen ist die Länge jeweils 8 KByte (2664 oder 2764), das dritte Byte wird hier nicht benutzt. Die ROM-Erweiterung muß durch ein RETURN FAR verlassen werden (in Maschinencode CBH), damit die Startroutine des Computers nach dem Abarbeiten der Er-

weiterung an der Stelle fortfahren kann, von der sie kam.
Das Initialisierungsprogramm kann alle Prozessorbefehle der 8086-Familie beinhalten. Weiterhin können alle Interrupttypen verwendet werden, die direkt die BIOS-Routinen des Original-ROM-BIOS ansprechen. Beachtet werden muß, daß die DOS-Systemschnittstelle (alle Interrupts ab 20H) von einer ROM-Erweiterung nicht verwendet werden kann, da beim Abarbeiten des ROMs nach dem Rechnerstart das Betriebssystem (MS-DOS/PC-DOS) noch nicht geladen ist und somit die DOS-Funktionen noch nicht zur Verfügung stehen.

Programmerzeugung

In Bild 1 ist eine kurze Assemblerroutine zu sehen, welche nach dem Übersetzen mittels EPROM auf die Adresse D0000H gelegt werden soll. Durch diese Routine wird nach dem Speichertest des Original-BIOS eine kurze Ausschrift auf dem Bildschirm sichtbar.
Die ROM-Erweiterung muß immer so aufgebaut sein, daß beim vierten Byte das lauffähige Programm beginnt, da von der ROM-Suchroutine stets an diese Stelle gesprungen wird.

Testen einer ROM-Erweiterung

Es ist empfehlenswert, in der Versuchsphase statt der EPROMs pinkompatible statische RAM-Bausteine zu stecken, die beispielsweise durch einen Debugger oder noch einfacher durch ein kleines Turbo-Pascal-Programm geladen werden können. Bei einem Warmstart des Rechners wird die auf ihnen abgelegte Information nicht gelöscht, da sie keine Refreshzyklen benötigen und in den Erweiterungsbereichen durch das Original-ROM-BIOS kein Speichertest vorgenommen wird. Man kann sich dadurch beim Eintesten der ROM-Erweiterung und der dazugehörigen Peripherie die viele Arbeit des Beschreibens und wieder Löschens von EPROMs ersparen und auf diese erst zurückgreifen, wenn man die endgültige Programmvariante gefunden hat.

```
prog    segment
        assume  cs:prog,ds:prog

rom:    db      55h,0aah,01h                    ;Kennung fuer ROM-
                                                ;Erweiterung

start:  jmp     start1                          ;Beginn bei Start1
text:   db      'Test fuer ROM-Erweiterung !'
        db      24h

start1: mov     dx,0d000h                       ;Text in Segment mit
        mov     es,dx                           ;Adresse D0000h
        mov     dx,offset text                  ;Datenoffset auf Textanfang
        mov     si,dx

        mov     ah,2                            ;Setzen der Curser-
        mov     dh,3                            ;position
        mov     dl,2                            ;Zeile=3
        mov     bh,0                            ;Spalte=2
                                                ;Seite=0

marke:  mov     ah,2                            ;Aktuelle Curserposition
        int     10h                             ;einstellen

        mov     al,es:[si]                      ;AL=aktuelles Textzeichen
        cmp     al,24h                          ;Textende erreicht ?
        je      ende                            ;wenn 'Ja', dann Programmende
        mov     bl,0fh                          ;nein, dann Ausgabe des
        mov     bh,0                            ;Zeichens an aktueller
        mov     cx,1                            ;Curserposition durch
        mov     ah,9h                           ;BIOS-Interrupt
        int     10h
        inc     si                              ;Datenoffset um 1 erhoehen
        inc     dl                              ;Curserposition 1 nach rechts
        jmp     marke                           ;zurueck zu MARKE

ende:   mov     cx,0ah                          ;kurze Warteschleife
m1:     mov     ax,0ffffh
m2:     dec     ax
        cmp     ax,0
        jnz     m2
        loop    m1

        retf                                    ;zurueck zur Startroutine

        db      98h                             ;Ausgleichsbyte fuer
                                                ;Summentest
        db      418 dup(0ffh)                   ;Auffuellen des 512-byte-
                                                ;Blocks
prog    ends

        end     start
```

◀ *Bild 1* ***Assemblerprogramm***

Literatur

1/ Brors, I.: Maschinensprache des IBM-PC in der Praxis. Heidelberg: Dr. Alfred Hüthig Verlag 1986
2/ Hübener, J.: MS-DOS. Berlin: Verlag Technik 1988
3/ Norton, P.: Programmierhandbuch für den IBM PC. Braunschweig: Friedr. Vieweg & Sohn Verlagsgesellschaft 1987, S. 62
4/ IBM PC/AT Technical Reference. IBM Corporation 1986
5/ Jobst; Lutz; Selder: Intel 16/32 Bit Assemblerhandbuch. Kissing: Interest-Verlag 1987
6/ Der IBM PC und seine Kompatiblen. Mikroprozessortechnik, Berlin 2 (1988) 8, S. 234
7/ Smode, D.: Das große MS-DOS-Profi-Arbeitsbuch. München: Franzis-Verlag 1987

⊠ KONTAKT ☎

Akademie der Wissenschaften der DDR, Institut für Kosmosforschung, Abt. Nachrichtensysteme 2, Rudower Chaussee 5, Berlin, 1199; Tel. 6 74 50 75

Im Test: C-Compiler für CP/M

Uwe Schulze, Berlin

Wollen Sie sich für einen C-Compiler für CP/M entscheiden – etwa um eine Sprache zu lernen, die sich in der professionellen Programmierung breit durchgesetzt hat (neuere Versionen von Wordstar und dBase sowie OS/2 sind größtenteils in C geschrieben) –, so werden Sie feststellen, daß es hier keinen Quasi-Standard-Compiler gibt, sondern eine ganze Reihe gleichwertiger Pakete. Welches davon Verwendung finden soll, hängt in starkem Maße von den Anforderungen der Anwendung ab: Liegt das Primat auf kompaktem Code oder schnellen Ausführungsgeschwindigkeiten, ist eine Realarithmetik erforderlich, wird Assembler-Zwischencode benötigt etc.? Gerade weil unter CP/M alles handmade ist, ist C für den Ein- oder Umsteiger gut faßbar und verständlich.

Der Test

Zur Bewertung von Compilern sind ihre Ausstattung oder die vollständige Aufnahme des Sprachstandards, der Entwicklungskomfort und das Laufzeitverhalten von Interesse. Der Programmierer sieht sich mit einer Vielzahl von Compiler-, Assembler- und Linkerläufen konfrontiert, so daß die Turn-around-Zeiten (vollständiger Testumlauf) am besten Auskunft über die Bedingungen der Programmentwicklung geben. Um die Abhängigkeit von der Anzahl der Pässe zu zeigen (die jeweiligen Übersetzungskomponenten müssen geladen und die Zwischencodes gespeichert werden), wurde das „leere" Programm *main* mit einer SUBMIT-Datei in eine COM-Datei übersetzt:

```
main ()
     {
     }
```

Von Interesse ist auch die Codegröße dieses kleinsten Programms (Tafel 1), zeigt sie doch den beim Linken entstehenden Overhead (was beispielsweise für ROM-fähigen Code von Bedeutung ist). Einfluß darauf hat aber auch der Programmierer, wenn er die Bibliotheksfunktionen als Include, durch Cuttern oder durch Linken einfügt. Für die Testbeispiele wurden die Bibliotheken jeweils zugelinkt, was die variabelste Methode ist, nicht aber notwendigerweise die kleinsten Programme erzeugt.
Als Standardbenchmark gilt das Primzahlensieb des Eratosthenes, das die Anzahl der Primzahlen zwischen 3 und 16381 durch Streichen der Vielfachen in einem Feld ermittelt. Die geraden Zahlen werden dabei ausgeschlossen, so daß ein Feld der Dimension 8190 benötigt wird. Das Programm enthält also eine Vielzahl von Speicherzugriffen. Das in Bild 1 dargestellte Listing trägt der Tatsache Rechnung, daß die Speicherklassen (Static, Register) nicht durchgehend enthalten sind. Somit stellt es einen auf allen getesteten Compilern lauffähigen Standard dar.
Als zweiter Test dient die rekursive Protokollierung der Fibonacci-Funktion im Integer-Bereich (Bild 3). Damit läßt sich das Zeitverhalten bei Unterprogrammaufrufen und Parameterübergaben bewerten. Der Datentyp *Long* ist wiederum nicht durchgehend enthalten.
Zum Schluß soll noch ein Blick auf die Bild-

```
#define TRUE 1
#define FALSE 0
#define SIZE 8190
#define SIZEPL 8191

char flags[SIZEPL];
int i,prime,k,count,iter;

main()
{
  printf("Hit return to do 10 iterations: ");
  getchar();

  for (iter = 1; iter <= 10; iter++) {
     count = 0;
     for (i = 0; i <= SIZE: i++)
        flags[i] = TRUE;
     for (i = 0; i <= SIZE; i++) {
        if (flags[i]) {
           prime = i + i + 3;
           k = i + prime;
           while (k <= SIZE) {
              flags[k] = FALSE;
              k += prime;
              }
           count++;
        }
     }
  }
  printf("\7\n%d primes.\n",count);
}
```

Bild 1 ***Primzahlensieb des Eratosthenes in C***

Tafel 1 C-Compiler im Vergleich

Compiler	Assembler-zwischen-code	Arbeits-schritte	Real-Arithmetik	Übersetzungs-zeit MAIN in min	Codegröße MAIN
BDS-C	nein	2	extra	0:36	2 KByte (16 records)
Supersoft-C	ja	4	nein	1:32	4 KByte (23 records)
Eco-C	ja	3	ja	3:02	12 KByte (82 records)
Aztec-C	ja	3	ja	1:23	4 KByte (26 records)
Whitesmiths-C	ja	5	ja	3:58	8 KByte (55 records)

Tafel 2 Laufzeitverhalten

Compiler	Primzahlensieb				
	Laufzeit in min	Compile-zeit in min	Code-größe	Fibonacci-funktion in min	Bildschirm-ausgabe in min
BDS-C	0:25	0:41	4 KByte	0:18	1:13
Supersoft-C	0:34	1:58	12 KByte	0:12	1:13
Eco-C	0:33	4:17	28 KByte	0:17	1:40
Aztec-C	0:37	2:04	10 KByte	0:22	1:51
Whitesmiths-C	0:43	6:50	16 KByte	0:13	1:58
Turbo-Pascal	0:39	0:10 (COM) 0:01 (Mem)	10 KByte	0:45	0:35

schirmausgabe geworfen werden. Dazu werden 32 000 Sterne mit PRINTF auf den Bildschirm geschrieben. Die relativ langsame Ausgabe liegt in der Tatsache begründet, daß die C-Compiler die BDOS-Schnittstelle benutzen, während Turbo-Pascal bekanntlich direkt auf das BIOS zugreift (Tafel 2).

Alle Tests wurden auf einer 2,5-MHz-CPU unter CP/A vorgenommen, woraus sich die Differenzen zu /2/ erklären. Auch unterscheiden sich die Compilerversionen. Zum besseren Vergleich gibt es die gleichen Tests auch in Turbo-Pascal (Bild 2 und Tafel 2).

Die Kandidaten

BDS-C, BD-Software, Version 1.5

Der BDS-C-Compiler ist leistungsfähig und einfach handhabbar. In nur zwei Schritten erzeugt er ein COM-File. Die Übersetzung des Primzahlensiebes sieht wie folgt aus:

CC Sieve
CLINK Sieve

Alternativ kann auch der Linker L2 verwendet werden. Das Einbinden benötigter Bibliotheken erfolgt automatisch. Als einziger der untersuchten Compiler erzeugt er keinen Assembler-Zwischencode. Daraus resultieren schnelle Übersetzungszeiten, aber die Möglichkeit, Module aus anderen Sprachen mit dem Linker einzubinden, entfällt, da der Zwischencode nicht Microsoft-compatibel ist. Der Compiler selbst ist in 8080-Maschinencode geschrieben – nicht in C. Die Grundausstattung des ursprünglich für die Systementwicklung gedachten Compilers ist eher spartanisch: Die Speicherklassen **STATIC** und **REGISTER** fehlen ebenso wie die Datentypen **FLOAT** und **LONG**. Aber es existieren Zusatzpakete (sämtlich im C-Quelltext), die keine Wünsche offen lassen: ein zweiter verbesserter Linker, ein Overlaymanager, ein ASM-Präprozessor, ein Debugger sowie ein Integer- und Floating-Point-Package, das die fehlenden Datentypen als Funktionen zur Verfügung stellt.

Zur Optimierung des Primzahlensiebes werden die Daten auf eine feste Adresse statt auf den Stack gelegt (Option: –e1000 für EXTERNAL) und damit eine erstaunliche Geschwindigkeitsverbesserung erzielt (25 statt 53 s).

Supersoft C, Supersoft Inc., Version 1.1.25

Der Supersoft-C-Compiler erzeugt in zwei Pässen Assemblercode. Die Bibliotheken können als C-Quelltext eingefügt oder als Objektcode zugelinkt werden; in jedem Falle sind sie explizit anzugeben. Mit der Compilerdirektive #ASM ... #ENDASM kann Assemblercode direkt in den Quellcode eingefügt werden. Ein typischer Übersetzungslauf sei am Beispiel des Primzahlensiebes gezeigt:

```
program sieve;
const
   size = 8190;
var
   flags: array[0..size] of boolean;
   i,prime,k,count,iter: integer;
   c:char;
begin
   writeln('Hit return to do 10 iterations');
   read(c);
   for iter:=1 to 10 do begin
   count:=0;
   for i:=0 to size do
      flags[i]:=true;
   for i:=0 to size do
      if flags[i] then begin
         prime:=i+i+3;
         k:=i+prime;
         while k <= size do begin
            flags[k]:=false;
            k:=k+prime;
         end;
         count:=count+1;
      end;
   end;
   writeln(count,' primes');
end.
```

Bild 2 Primzahlensieb des Eratosthenes in Pascal

```
int i;
#define NUMBER 22
main()
{
unsigned value,fib();
printf("\n Fibonacci series.\n");
getchar();
for (i=1; i<=NUMBER; i++)
{ value=fib(i);
  printf("\nfibonacci(%d)      =%u.\n",i,value);
}
}
unsigned fib(j)
int j;
{
if (j>2) return (fib(j-1) + fib(j-2));
 else return(1);
}
```

```
{@A-}
program fibo;
var
i:integer; c: char;

function fibo(n: integer):integer;
begin
   if n <= 2 then fibo := 1
   else fibo:=fibo(n-1)+fibo(n-2);
end;

begin
   writeln('Fibonacci series');
   read(c);
   for i:=1 to 22 do
   writeln(fibo(I):10);
end.
```

Bild 3 Protokollierung der Fibonacci-Funktion in C und Pascal

CC SIEVE.C
C2 SIEVE.COD
M80 = SIEVE.ASM
L80 SIEVE,C2RT,FORMATIO,STDIO, ALLOC,CRUNT2,SIEVE/E/N

In Abweichung zum C-Standard ist die Speicherklasse **STATIC** nicht enthalten, lange Integer- sowie Gleitkomma-Arithmetik fehlen.

Die Verwendung von Registervariablen zur Verbesserung des Primzahlensiebes erzeugt zwar veränderten Code, führt aber zu keiner Laufzeitverbesserung.

EcoC, Ecosoft Inc., Version 3.00

In drei Pässen erzeugt der Eco-Compiler Assemblercode. Dabei kommt der Code-Generation-Paß nicht mit 48 KByte TPA aus! Die Handhabung ist einfach; ein Übersetzungslauf hat folgende Syntax:

CP SIEVE
M80 = SIEVE
L80 SIEVE,SLIBCO,SIEVE/E/N

Die Compiler-Pässe liegen als getrennte COM-Files vor und können auch einzeln aufgerufen werden. **STATIC** und **REGISTER** sind als Speicherklassen nicht enthalten, aber es existieren die Datentypen **FLOAT** und **LONG**.

Aztec-C, Manx Software Systems, Version 1.06d

Dieser Compiler ist sehr komfortabel ausgestattet. Er stellt Assemblercode zur Verfügung, der mit einem Standardassembler oder dem mitgelieferten AS.COM weiterverarbeitet werden kann. Z80-spezifischer Maschinencode wird mit DB-Anweisungen eingefügt. Zur Übersetzung dient folgende Kommandofolge:

CZ SIEVE
AS SIEVE
LN SIEVE.O C.LIB

Der Compiler orientiert sich an Unix-C. Bis auf Bitfelder wird der gesamte Sprachumfang von /1/ angeboten. Neben Bibliotheken für drei verschiedene Speichermodelle wird noch eine Version zur Erzeugung ROM-fähigen Codes geliefert. Stärke des Compilers ist die Real-Arithmetik. Die Datentypen **LONG**, **FLOAT** und **DOUBLE** stehen zur Verfügung. Auch die Speicherklassen **STATIC** und **REGISTER** sind implementiert. Die Bibliotheksfunktionen liegen sämtlich als C- oder Assemblerquelle vor. Ferner existiert noch eine Reihe nützlicher Funktionen im Quellcode (zum Beispiel Winkelfunktionen, Quicksort, Zufallszahlengenerator).

Gegenüber der Vorgängerversion wurde vor allem die Handhabung verbessert und die Codegröße verringert.

Native-C, Whitesmiths Ltd.

Vor dem ersten Übersetzungslauf hat der Programmierer seine Befähigung nachzuweisen, indem er die sämtlich als Objektcode vorliegenden Compilerkomponenten mit LINK verbindet und lauffähig macht. Damit sind die Schwierigkeiten noch nicht beseitigt.

Der Parser-Paß belegt als COM-File 50 KByte (!) und kann nur mit einem System-Subset betrieben werden. Ein ohne Stapeldatei kaum zu bewältigender Übersetzungslauf hat folgendes Aussehen:

```
PP -X -I A: -O SIEVE.TM1 UTEXT.H
SIEVE.C
P1 -BO -N8 -O SIEVE.TM2 SIEVE.TM1
P280 -O SIEVE.S SIEVE.TM2
AS80 SIEVE.S
LINK -EB__MEMORY -ED__EDATA-
TBOX100 -HTR -O SIEVE.COM CRTS.
80 SIEVE.O LIBC.80
```

Dabei fällt der Linker durch seine Langsamkeit auf. In 4:43 min, die er für das Binden des Primzahlensiebes benötigt, hat der BDS-Compiler das Programm 6¹/₂mal vollständig übersetzt! Der Sprachumfang ist vollständig aufgenommen (76 KByte Bibliotheksgröße) und der Compiler eng an UNIX-Versionen angelehnt. **DOUBLE**, **FLOAT** und **LONG** sind als Datentypen ebenso vorhanden wie die Speicherklassen **REGISTER**, **STATIC** und **EXTERNAL**. Unverständlich aber die unüblichen Namen für Standardfunktionen: PRINTF heißt hier PUTFMT, und auch die Formatparameter halten sich nicht an die üblichen Konventionen.

Das Fazit

Am besten schneidet der BDS-C-Compiler ab. Sowohl durch Verarbeitungs- und Übersetzungsgeschwindigkeit als auch durch einfache Handhabung empfiehlt er sich. Mit den Zusatz-Tools wird er allen Anforderungen gerecht.

Positiv beurteilt werden kann, was Handhabung und Ausrüstung betrifft, auch der Supersoft-C-Compiler – solange keine Real-Arithmetik benötigt wird. Die schnellste Real-Arbeit leistet Aztec-C, auch Ausstattung und Handhabung lassen ihn empfehlen.

Whithesmiths-C realisiert den vollständigsten Sprachumfang, aber der allzu großzügige Umgang mit Speicherplatz und Übersetzungszeit ist kaum zu akzeptieren.

Nicht zufrieden stellen können auch die teilweise wesentlich zu großen COM-Files bei einigen Compilern. Hier ist der Weg des Linkens mit den Bibliotheksfunktionen nicht in jedem Falle zu empfehlen. Eventuell sollten die benötigten Funktionen im Quellcode eingefügt werden.

Literatur

/1/ Kernighan, B. W.; Ritchie, D. M.: The C Programming Language. Prentice Hall 1978

/2/ Gilbreath, J.; Gilbreath, G.: Eratosthenes Revisited. BYTE Publications Inc., January 1983

/3/ Stuebs, M.: Computersprache C: Der flinke UNIX-Sprößling. CHIP, München 5 (1983) 5, S. 154

/4/ Horn, T.: Programmierung in C. Mikroprozessortechnik, Berlin 1 (1987) 1–6

Farbgrafikadapter für K 1520-Systeme – klein und vielseitig

Kathrin Lajow, Wolfram Kammer, Wolfgang Spindler
VEB Elektronische Bauelemente Teltow

Grafische Darstellungen in Farbe auf dem Bildschirm gehören wohl zu den nobelsten Arten der Kommunikation zwischen Computer und Bediener. Wenn es nicht gerade ein hochauflösendes Gerät für die CAD-Welt sein soll, dann bleibt der Aufwand für die dazu notwendige Hardware recht gering, wie dieser Artikel zeigt.

Bevor es richtig losgeht, muß hier gesagt werden, daß dieser Farbgrafikadapter nicht ohne weiteres an jeder x-beliebigen K 1520-Konfiguration betreibbar ist. Der Adapter liefert nämlich einen Systemtakt von 3,5 MHz auf den Systembus, und alle übrigen Baugruppen des Rechners müssen mit eben diesem Takt arbeiten – sonst geht nichts. Wenn diese Bedingung (es ist glücklicherweise die einzige, die etwas aus dem gewohnten Rahmen fällt) erfüllt ist, dann steht den farbenprächtigen Bildern auf dem Monitor nichts mehr im Wege. Der Adapter erzeugt ein normgerechtes Fernsehbild mit 15,625 kHz Zeilenfrequenz und 50 Hz Bildfrequenz ohne Zeilensprung. Er liefert an seinem Monitorausgang die vier digitalen Signale *ROT, GRÜN, BLAU* und *EXTRAHELL* sowie ein Synchronsignal (alles mit TTL-Pegel) und zusätzlich ein analoges BAS-Signal, bei dem die Farben in Grauwerte gewandelt sind. Notfalls kann man also auch einen Schwarzweiß-Fernseher anschließen.

Die technischen Daten

Das Bildfeld, welches der Adapter auf den Bildschirm schreibt, ist in horizontaler Richtung 256 Pixel und in vertikaler Richtung 192 Pixel groß. Jedes Pixel ist separat schreib- und lesbar. Das Bildfeld füllt nicht den gesamten Bildschirm aus. Bis zu den Bildschirmrändern ist es mit einem etwa 20 Pixel breiten Rand umgeben, da erfahrungsgemäß die Bildschärfe in den Ecken zu wünschen übrig läßt. Die Pixel des Bildfeldes schalten zwischen dem sogenannten Vordergrund (Pixel gesetzt) und dem Hintergrund (Pixel gelöscht) um. Die Farben von Vordergrund, Hintergrund und Rand sind unabhängig voneinander einstellbar. Einen Alphanumerikmodus mit Zeichengenerator usw. gibt es bei diesem Adapter nicht. Wer auf diesem Bildschirm Text anzeigen will, muß deshalb im Gegensatz zu alphanumerischen Bildschirmen jedes Zeichen aus einzelnen Pixeln zusammensetzen. Das ist aber gar nicht so schwierig, denn durch eine ausgeklügelte Adressierung der Pixel ist für diesen Fall vorgesorgt.

Der Adapter braucht außer einem anfänglichen Bildschirmlöschen keinerlei Initialisierung oder laufende Bedienung durch die CPU. Er arbeitet völlig autonom und bremst die CPU nicht durch irgendwelche Busrequests und dergleichen. Lediglich dann, wenn die CPU auf den Bildwiederholspeicher zugreift, wird sie um durchschnittlich 2 CPU-Takte mittels WAIT-Signal verzögert. Das entspricht dem Zeitbedarf eines halben NOP-Befehls und dient der Synchronisation der drei Zugriffsarten auf den Bildwiederholspeicher (Attribute lesen und Pixel lesen durch die Displaysteuerung sowie CPU-Zugriffe). Dadurch wird vermieden, daß CPU-Zugriffe sichtbare Störungen auf dem Bildschirm erzeugen. Diese „Schneeverhinderungs"-Schaltung ist auch der Grund dafür, daß der übrige Rechner mit dem aus dem Pixeltakt von 7 MHz abgeleiteten Systemtakt arbeiten muß.

Da die Pixel byteweise im Bildwiederholspeicher stehen, muß die Displaysteuerung im Zyklus von 8 Pixeln sowohl die Attribute als auch die Pixel lesen. Dieser Zyklus besteht aus 8 Pixelzeiten (d. h. 8 elementare Zeitabschnitte von je 143 ns, in denen jeweils ein Pixel auf den Bildschirm geschrieben wird) und ist in drei Abschnitte eingeteilt. Die Zeit von Pixel 1 bis Pixel 4 steht für CPU-Zugriffe zur Verfügung. Während der Pixelzeiten 5 und 6 werden die Attribute gelesen und in einen Zwischenspeicher übernommen, und während der Pixelzeiten 7 und 8 werden die Pixel gelesen und mit dem Ende des Zyklus in ein Schieberegister übernommen, wo sie mit den nächsten 8 Takten seriell herausgeschoben werden. Mit der Übernahme der Pixel in das Schieberegister werden auch die Attribute vom Zwischenspeicher in das eigentliche Attributregister geladen. Versucht die CPU zu irgendeinem Zeitpunkt, auf den Bildwiederholspeicher zuzugreifen, so wird sie erst einmal mit WAIT angehalten. Am Beginn eines neuen Displayzyklus schaltet die Displaysteuerung das WAIT-Signal wieder ab, und die CPU kann nun während der folgenden 4 Pixelzeiten (gleich 2 Systemtakten) ihren Zugriff ausführen.

192 mal 256 Pixel, das sind ganau 6 KByte Bildwiederholspeicher, der im Hauptspeichervolumen des Rechners angeordnet ist. Um den Aufwand gering zu halten, wurde jeweils ein Farbattribut-Byte einem Quadrat von 8 mal 8 Pixeln zugeordnet. Das gesamte Bildfeld ist in 768 solche Quadrate eingeteilt (32 horizontal, 24 vertikal). Im Hauptspeichervolumen des Rechners ist direkt nach dem 6 KByte umfassenden Pixelspeicher der 768 Byte umfassende Farbattribut-Speicher angeordnet. Beide können zusammen durch Lötbrücken auf der Leiterplatte in 8-K-Schritten im Hauptspeicher verschoben werden. Die Vorzugsadresse ist 4000H. Sie ist durch einen Leiterzug vorverdrahtet. In diesem Fall liegt der Speicherbereich für die Pixel im Bereich von 4000H bis 57FFH und für die Attribute von 5800H bis 5AFFH. Wie die Farbinformationen im Attribut-Byte codiert sind, zeigt Tafel 1. Für je ein Quadrat von 8 mal 8 Pixeln kann eine von 8 Hintergrundfarben, eine von 16 Vordergrundfarben (8 Farben in 2 Helligkeitsstufen) und Blinken/Nichtblinken gewählt werden.

Die Attribut-Bytes stehen im Speicher zeilenweise in natürlicher Reihenfolge, also zum Beispiel:

1. Zeile: 5800H...581FH
(5800H = links oben,
581FH = rechts oben)

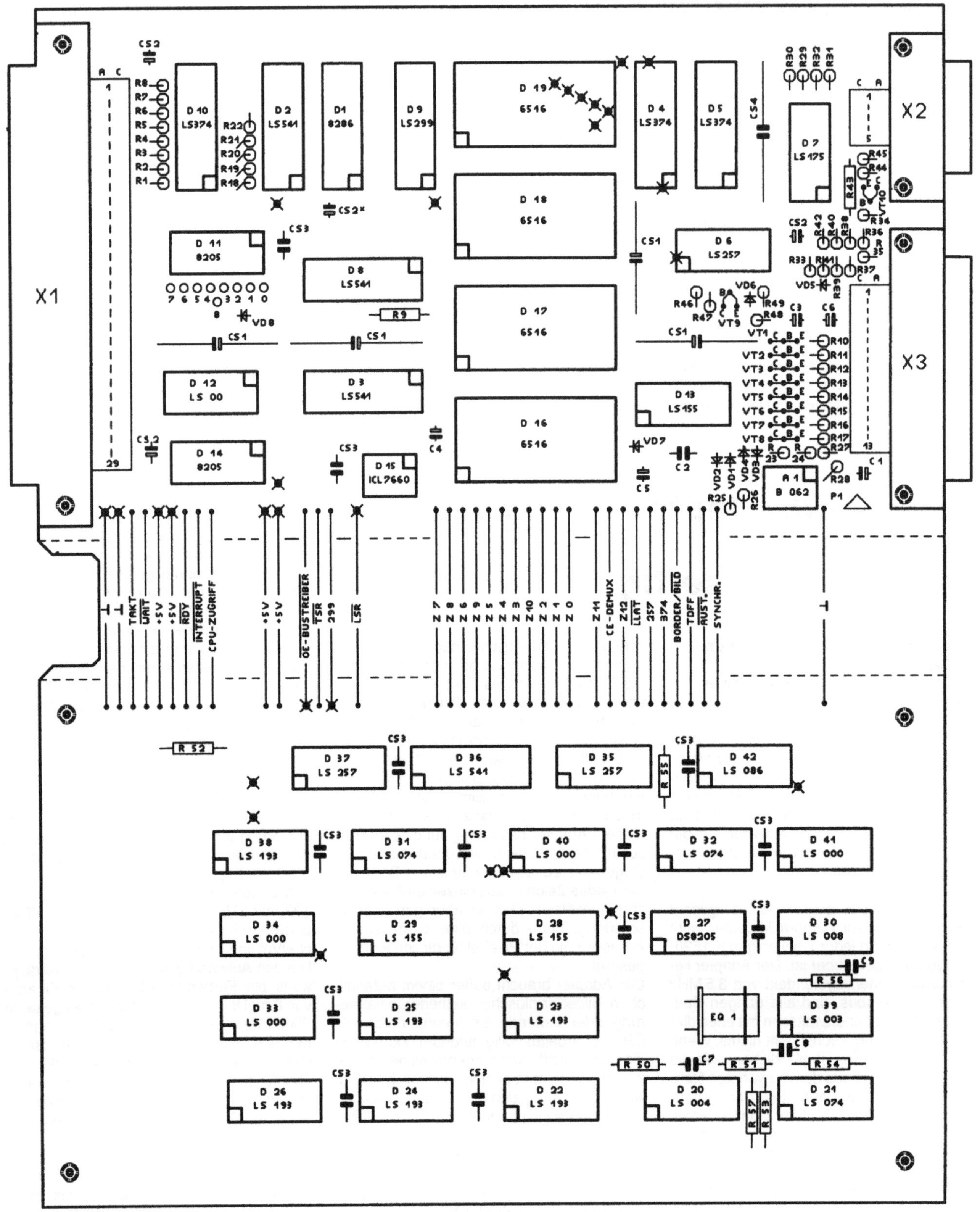

BEI MONTAGE IN 95mm BAUHÖHE C4, C5 UND CS2* LIEGEND MONTIEREN

✱ ≙ DURCHKONTAKTIERUNG (NUR BEI NDKL)

o ≙ WICKELSTIFT (FUER ADRESSE 4000H NICHT NOTWENDIG)

Bild 1 Bestückungsplan

2. Zeile: 5820H ... 583FH
usw. bis
24. Zeile 5AE0H ... 5AFFH

Im Gegensatz zu dieser einfachen Zuordnung ist die Adressierung der Pixel etwas komplizierter. Angenommen, man beschreibt die Lage der Pixel durch Koordinaten auf dem Bildschirm so, daß der Nullpunkt sich links oben befindet, die Spaltenadressen sich nach rechts und die Zeilenadressen sich nach unten erstrecken. Für die Zeilenadresse werden 8 Adreßbits benötigt, wobei sich die Adresse von 0 bis 0BFH erstrecken kann. Für die Spaltenadressen werden 5 Adreßbits benötigt, da die Stellung eines Pixels im Byte den drei niederwertigsten Bits entspricht.

Tafel 1 Inhalt der Farbattribut-Bytes

Bit	7	6	5	4	3	2	1	0
	blk	xth	grün	rot	blau	grün	rot	blau
			Hintergrundfarbe			Vordergrundfarbe		

(blk = Blinkbit, xth = extrahell)

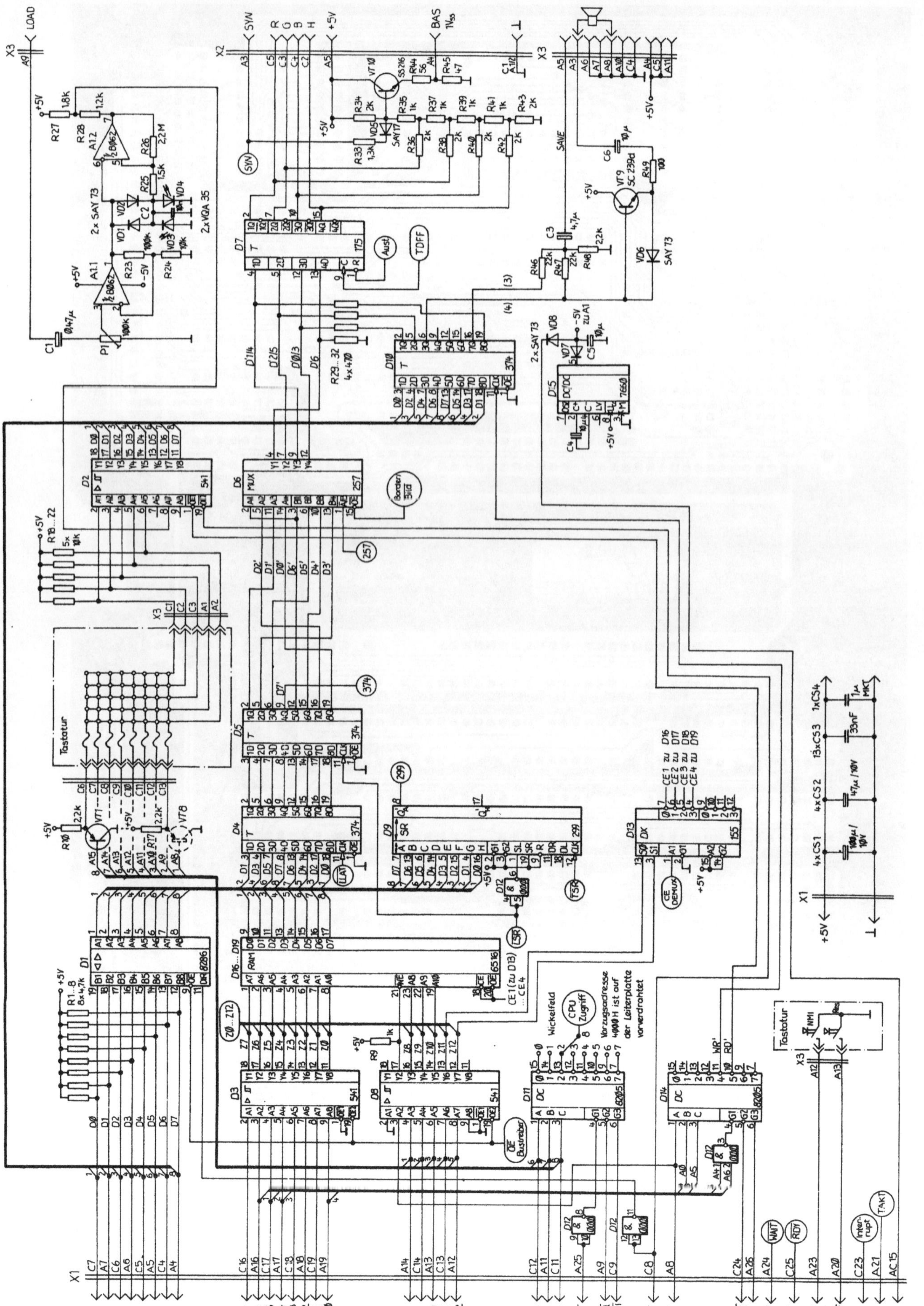

Bild 2 Schaltplan, Leiterplattenhälfte mit Steckverbinder

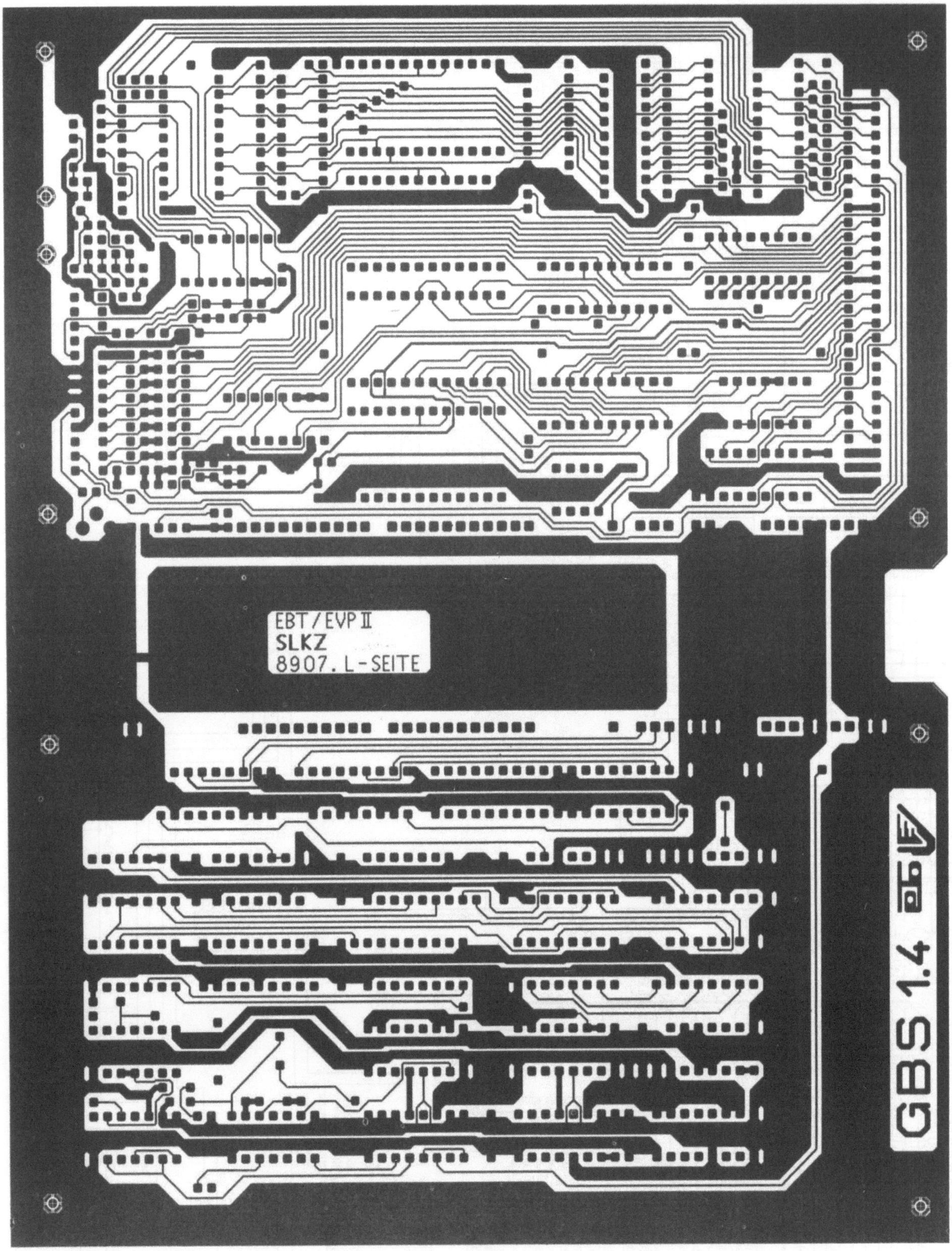

Bild 3 Layout, Lötseite

Das höchstwertige Bit im Byte gelangt zuerst auf den Bildschirm und steht demzufolge am weitesten links. Wie die verschiedenen Bits der Zeilen- und Spaltenadressen aus Sicht der CPU angeordnet sind, zeigt Tafel 2. Wie man sehen kann, sind die Zeilenadreßbits R0..R7 ineinander verschachtelt. Bei den Attributadressen sind einfach die Bits R0, R1 und R2 aus der Zeilenadresse herausgeschnitten. Auf diese Weise ist es sehr einfach, das für ein Pixel zuständige Attributbyte zu finden. Folgende kurze Programmsequenz erledigt dies:

Tafel 2 Adreßzuordnung der Pixel aus CPU-Sicht

Adreßbit	15	14	13	12	11	10	9	8	7	6	5	4	3	2	1	0
PADR	0	1	0	R7	R6	R2	R1	R0	R5	R4	R3	C7	C6	C5	C4	C3
ATADR	0	1	0	1	1	0	R7	R6	R5	R4	R3	C7	C6	C5	C4	C3

Adreßbit = Speicheradresse = Adreßbit 0 ... 15 der CPU (bei Adressierung ab 4000H)
PADR = Pixeladressen R0 ... R7 = Zeilenadresse 0 ... 191
C0 ... C7 = Spaltenadresse 0 ... 255
(Die Spaltenadreßbits C0 ... C2 entsprechen der Stellung des zum Pixel gehörigen Bits im Byte, welches an der durch C3..C7 und R0..R7 bestimmten Speicheradresse steht.)
ATADR = Attribut-Adresse, korrespondierend zu PADR

(angenommen, HL enthält die Pixeladresse nach Bild 2)

```
LD    A,H  ;Pixeladreßteil high laden
RRCA       ;um 3 Bit nach rechts
RRCA       ;verschieben
RRCA
AND   3    ;Grundadresse wegschneiden
OR    58H  ;Anfang Attributadresse dazu
LD    H,A  ;Adresse wieder zurück in HL
```

Wenn man sich darauf beschränkt, Textzei-

Zeitschrift für Mikroelektronik · Computertechnik · Informatik
ISSN 0232–2892 · Mikroprozessortechnik · Berlin · 3 (1989) · S. 1–384

Jahresinhaltsverzeichnis 1989
VEB Verlag Technik Berlin

Mikroprozessortechnik

Übersichtsbeiträge

Heft/Seite

Schaltkreisentwurf und -herstellung

Mikroprozessorsysteme und andere Bauelemente

Mikrorechnersysteme einschließlich -peripherie

Software

Entwicklungen und Tendenzen

Technik international/vorgestellt

Autorenverzeichnis

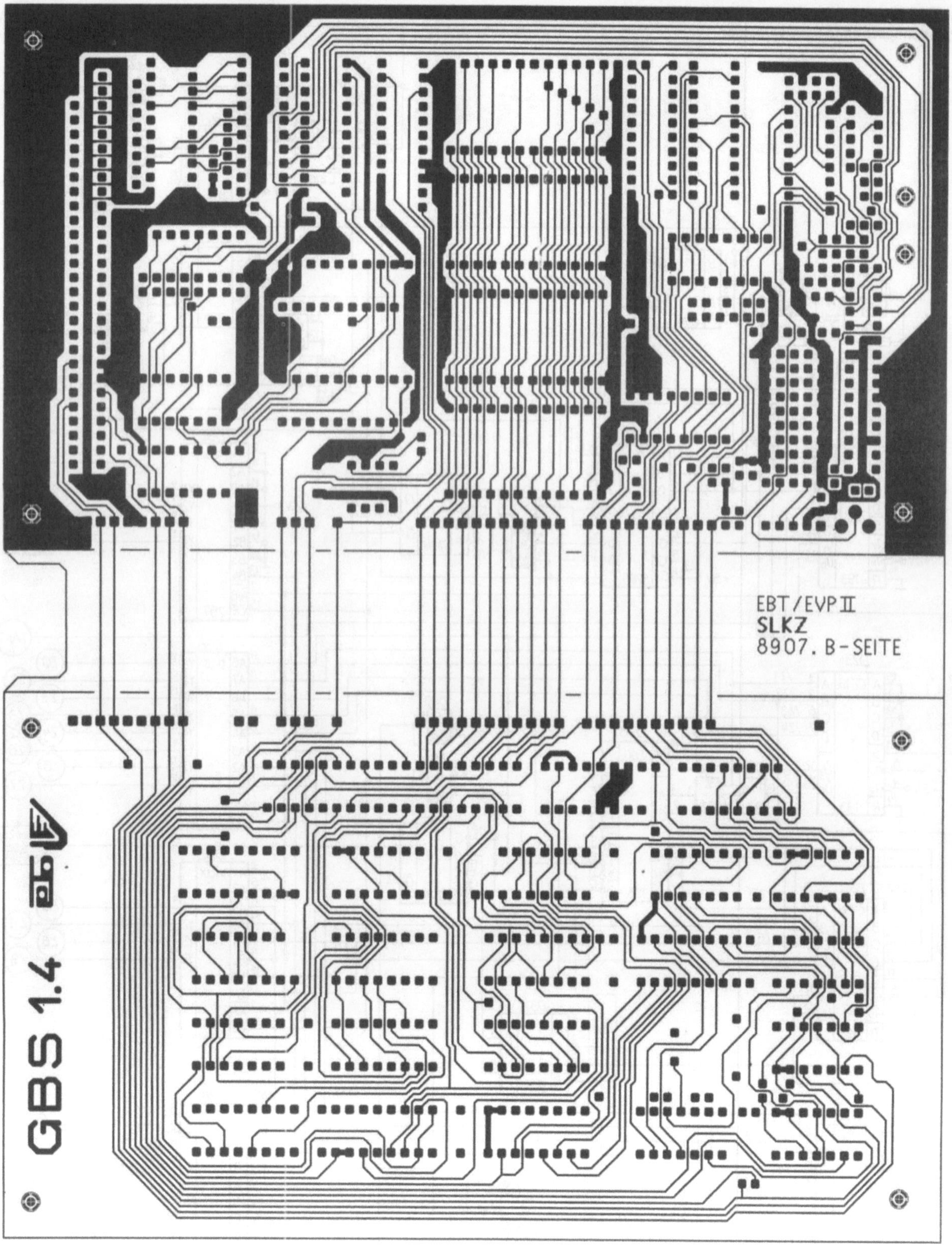

***Bild 4** Layout, Bestückungsseite*

chen nicht an beliebige Stellen, sondern nur so auf den Bildschirm zu schreiben, daß ein Zeichen genau in eines der 768 Quadrate gelangt, dann ist es dank der Verschachtelung der Zeilenadreßbits auch recht leicht, Texte auf diesen Farbgrafikadapter zu schreiben. Angenommen, DE zeigt auf den Anfang eines der 768 Quadrate, in welches das Zeichen **F** geschrieben werden soll und HL zeigt auf den Anfang einer Bitmustertabelle für dieses Zeichen. Dann erledigt folgendes kleine Unterprogramm das Einschreiben des Bitmusters für das Zeichen **F** in den Bildwiederholspeicher:

```
WCHAR: LD    B,8
ZYKL:  LD    A,(HL)    ;Pixel holen
       LD    (DE),A    ;Pixel in BWSP
                       ;schreiben
       INC   HL        ;nächstes Pixel-
                       ;byte
       INC   D         ;Pixeladresse
                       ;weiterstellen
       DJNZ  ZYKL-#    ;8mal insgesamt
       RET
```

```
;BEISPIEL FÜR BITMUSTER „F"
   DEFB 00000000B ;
   DEFB 11111110B ; *******
   DEFB 01100010B ;  **   *
   DEFB 01101000B ;  ** *
   DEFB 01111000B ;  ****
   DEFB 01101000B ;  ** *
   DEFB 01100000B ;  **
   DEFB 11110000B ; ****
```

Wie man sieht, ist diese Programmsequenz recht kurz und schnell, denn zum Weiterstellen

Bild 5 Schaltplan, Leiterplattenhälfte ohne Steckverbinder

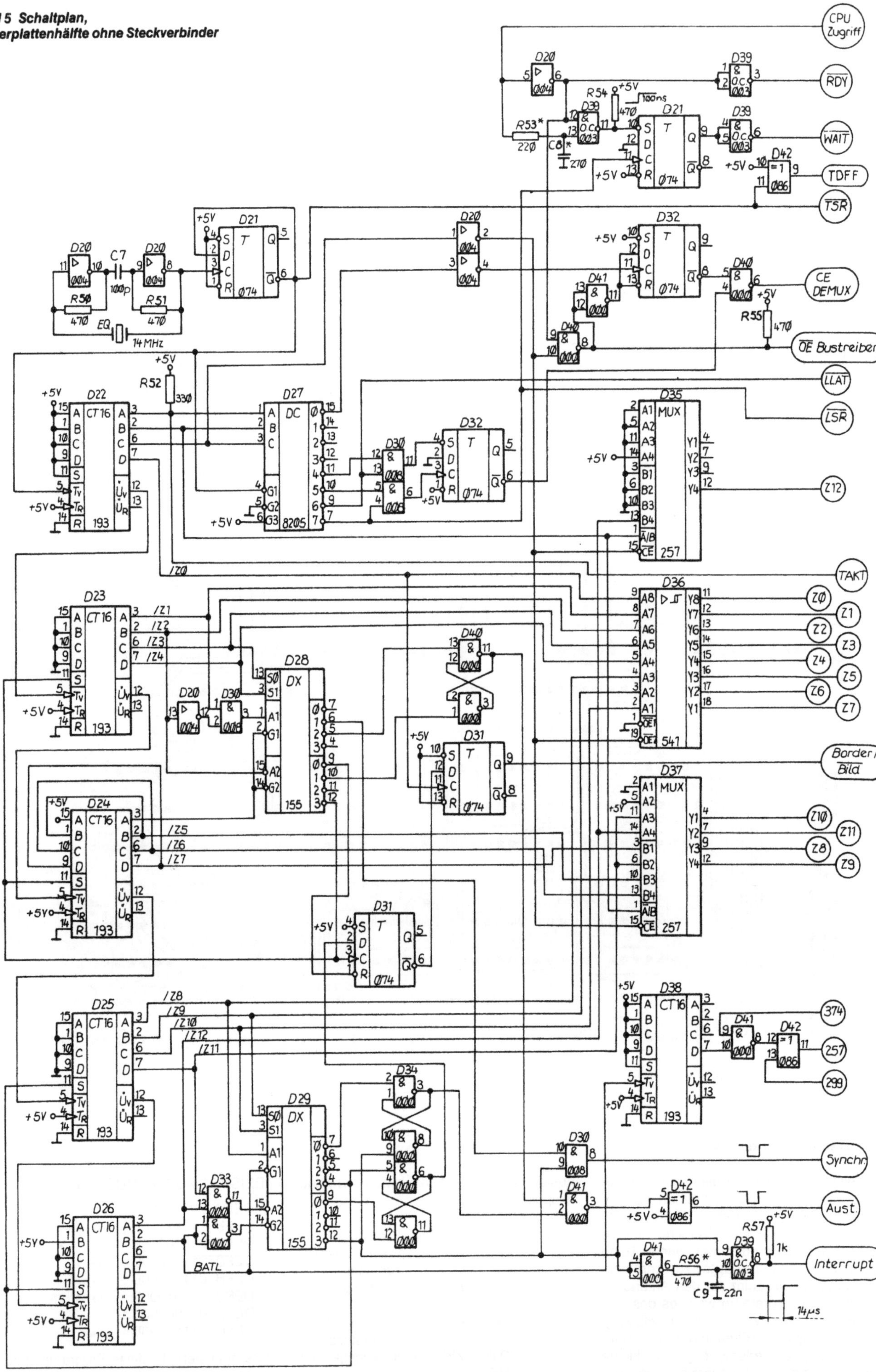

der Pixeladressse genügt ein einfacher und schneller Inkrementierbefehl.

Üblicherweise enthalten Bildschirmadapter für richtige PCs zumindest noch einen Druckeranschluß, um den Platz, den der Adapter belegt, möglichst intensiv nutzen zu können. Auch bei dem hier vorgestellten Farbgrafikadapter findet sich etwas Derartiges. Allerdings ist es kein Druckeranschluß, sondern ein kombiniertes Bedienerinterface mit folgenden Anschlußmöglichkeiten:

- Tastaturanschluß für ein 8 × 5-Tastenfeld
- Lautsprecheranschluß für Tastenklick usw.
- Anschluß für Recorder oder optischen Lesestift.

Diese Zusatzanschlüsse belegen einige Adressen im I/O-Adreßraum des Rechners, vorzugsweise auf der Adresse 0FEH. Leider war auf der Leiterplatte nicht mehr genügend Platz, um den Port vollständig zu dekodieren. Er belegt deshalb einige Adressen mehr, als eigentlich erforderlich wäre. Die Konfiguration des I/O-Ports zeigt Tafel 3.

Zu erwähnen ist noch, daß der Farbgrafikadapter zu Beginn jedes Bildsynchronimpulses einen Interrupt erzeugen kann. Damit kann man sich in einfachen Konfigurationen auch ohne speziellen Zeitgeberschaltkreis eine Software-Uhr einrichten oder auch zyklisch die Tastatur abfragen. Allerdings kann der Adapter keinen Interruptvektor liefern, weswegen die CPU im Interruptmodus 1 betrieben werden muß. Bei größeren Systemen kann man natürlich auf diese einfache Interruptquelle verzichten, indem man R 37 entfernt und C 10 durch eine Brücke ersetzt.

Tafel 3 Zusatzport-Belegung

bei Ausgabe (OUT...)

Bit	7	6	5	4	3	2	1	0
	–	–	–	LSP	REC	grün	rot	blau
						Farbe des Randes		

(LSP = Lautsprecherausgang)
(REC = Recorderausgang)

bei Eingabe (IN...)

Bit	7	6	5	4	3	2	1	0
	–	RIN	–	SP5	SP4	SP3	SP2	SP1

(RIN = Lese-Eingang Recorder/Lesestift)
(SP1..5 = Spaltenleitungen der Tastaturmatrix)
(Die Tastaturzeilen werden über die Adreßbits A8...A15 angesteuert.)

Der Aufbau des Farbgrafikadapters

Das Layout des Adapters wurde auf dem üblichen K 1520-Leiterplattenmaß von 215 mm mal 170 mm entworfen. Viele Geräteentwickler sind allerdings seit einiger Zeit mit diesem Maß nicht mehr recht zufrieden, da es durch die übliche senkrechte Einbauweise im EGS-Gehäuse zu recht klobig wirkenden Geräten führt. Deshalb sind inzwischen auch Weiterentwicklungen des K 1520-Sortiments wie *NANOS* von der IHS Warnemünde recht beliebt geworden, die als Leiterplattengrundmaß 95 mm mal 170 mm verwenden, womit wesentlich kleinere und dem Fortschritt des Bauelementesortiments besser entsprechende Geräte herstellbar sind. Auch ein eventueller Übergang auf das Format 100 mm mal 160 mm ist damit leichter. Dieser Tendenz haben wir uns angeschlossen. Ein Blick auf das Layout des Farbgrafikadapters zeigt, daß man bei Bedarf die Leiterplatte teilen kann, womit man zwei Platten im Maß von 95 mm mal 170 mm erhält, die dann über Litze verbunden werden müssen. Damit ist der Adapter sowohl in klassischen K 1520-Systemen als auch in neueren kleinformatigen Konfigurationen verwendbar. Der Adapter benötigt als Versorgungsspannung lediglich +5 V bei etwa 630 mA, wenn man zur Versorgung des Operationsverstärkers der Recorder-/Leseschaltung einen DC-DC-Wandler U 7660 DC einsetzt. Wenn man die Leseschaltung nicht benötigt oder bereits −5 Volt im Rechner zur Verfügung hat, kann man den DC-DC-Wandler natürlich auch weglassen.

Auf eine ausführliche Schaltungsbeschreibung soll hier verzichtet werden, da bekanntlich ein Stromlaufplan mehr sagt als tausend Worte. Für die TTL-Schaltkreise kommen (soweit möglich) LS-Typen zum Einsatz. Die Schaltkreisbezeichnungen wurden auf die charakteristische Nummer verkürzt, das heißt, man lese 374 als DL 374, 8205 als DS 8205, 6516 als U 6516 D 15 usw. Der Einsatz von HCT-Schaltkreisen bringt bis auf den Ersatz der drei DS 8205 durch stromsparende U 74 HCT 138 kaum Vorteile. Kritische Stellen und Abgleichpunkte gibt es nicht, so daß bei sorgfältigem Aufbau der Farbgrafikadapter auf Anhieb funktionieren wird.

✉ KONTAKT ☏

VEB Elektronische Bauelemente Teltow, Bereich EV (für technische Fragen) oder EK (für sonstige Fragen), Ernst-Thälmann-Straße 10/15, Teltow, 1530; Tel. 45 34 59 (Spindler), 45 31 59 (Kammer), bei sonstigen Fragen 45 28 00 (Marciniak)

Arrangiert: Turbo-Pascal und ANSI

Christian Hanisch, Berlin

Wer kennt es nicht, das leidige Problem der Ausgabe von Zeichenketten mit Bildschirmattributen unter Turbo-Pascal. So vorteilhaft die Verwendung der ANSI-Steuersequenzen hierfür auch wäre, so unvermittelt versagt diese Methode bei der standardmäßigen Ausgabe über die vordefinierte Textdatei Output von Turbo-Pascal. Der Grund dafür ist, daß die ANSI-Sequenzen nur dann wirksam werden, wenn sie durch die Standarddienstleistungsroutinen des DOS-Interrupts 21H (zum Beispiel Funktion 09H) ausgegeben werden, was bei Turbo-Pascal standardmäßig nicht der Fall ist. Turbo-Pascal verwendet hier vielmehr eine eigene Ausgabe, die direkt auf die ROM-BIOS-Funktionen zugreift.

Nun kann man sich auf ganz unterschiedliche Art des Problems annehmen. Angefangen bei quelltextmäßig aufwendigen Routinen, die über *TEXTCOLOR* und *TEXTBACKGROUND* die Sache bewerkstelligen, bis hin zur schnellen INLINE-Routine, die den BIOS-Interrupt 10H verwendet, ist so manches denkbar und in der Literatur auch schon vorgestellt worden.

Ein ganz anderer Weg, der verblüffend einfach ist, basiert auf der Tatsache, daß bei Verwendung von Standard-OUTPUT des

```
PROGRAM TANSI;   (        Turbo-Pascal Version 5.0          )
USES crt;        ( <--- entfällt in Version 3.xx
  ------- Bildschirmattribute für Monochrom-Monitor ------ )
CONST   cls  = #27'[2J';   (  Bildschirm löschen             )
        norm = #27'[0m';   (  normale Darstellung            )
        high = #27'[1m';   (  intensive Darstellung          )
        undl = #27'[4m';   (  unterstrichene Darstellung     )
        blin = #27'[5m';   (  blinkende Darstellung          )
        inv  = #27'[7m';   (  inverse Darstellung            )

VAR ansi : text; i : INTEGER;

BEGIN
  assign(ansi,'');
( assign(ansi,'OUT:');        in Turbo-Pascal 3.xx'           )
  rewrite(ansi);

  write(ansi,norm+cls+
        'Bildschirm wurde '+undl+'geloscht!'+norm);
  write(ansi,#27'[7;25HKursor mit ANSI positionieren');
  writeln(ansi,#27'[2B');
  writeln(ansi,inv+'══════════════════════════════════════'+
              '══════════════════════════════════════');
  gotoxy(26,13);
  writeln(ansi,norm+'Text in normaler Darstellung');
  gotoxy(25,14);
  writeln(ansi,high+'Text in intensiver Darstellung'+norm);
  gotoxy(23,15);
  writeln(ansi,undl+'Text in unterstrichener Darstellung');
  gotoxy(24,16); writeln(ansi,blin+
                   'Blinkender Text und unterstrichen'+norm);
  gotoxy(27,17);
  writeln(ansi,inv+'Text in inverser Darstellung'+norm);
  gotoxy(18,19); writeln(
        'Die Standardausgabe kann ebenso benutzt werden!');
  window(5,21,50,25); clrscr;
  FOR i:=1 TO 50 DO BEGIN
    write(' Turbo-Standardausgabe in ein Fenster!');
    delay(50) END;
  REPEAT UNTIL keypressed;
  FOR i:=1 TO 50 DO BEGIN write(ansi,
           ' DOS-Standardausgabe in das gleiche Fenster!');
    delay(50); END;
END.
```

***Bild 1** Demonstration der Nutzung der ANSI-Steuersequenzen in Turbo-Pascal*

MS-DOS Betriebssystems (zum Beispiel die Funktion 09H des Interrupt 21H) die ANSI-Steuersequenzen immer wirksam werden. Um Turbo-Pascal-Programme zum Beispiel zur I/O-Redirektion zu bequemen, ist unbedingt die Verwendung von Standard-INPUT und -OUTPUT des Betriebssystems notwendig. Dies wird dadurch erreicht, daß die vordefinierten Textdateien *Input* und *Output* von Turbo-Pascal auf den MS-DOS-Standard-INPUT beziehungsweise -OUTPUT entweder mit der Kompilerdirektive {**$G<nr>**} beziehungsweise {**$P<nr>**} in der Version 3.xx oder durch
ASSIGN(<TextFileVariable>,'') bei den Versionen 4.0 und 5.0 umgeleitet werden. Eine weitere Möglichkeit besteht bei der Version 3.xx, indem über die in der DOS-Implementation von Turbo-Pascal zusätzlich vorhandenen logischen Geräte INP und OUT kommuniziert wird. Durch die Nutzung dieser I/O-Redirektionsmechanismen dürfte damit also auch den ANSI-Steuersequenzen in Turbo-Pascal ein Anwendungsfeld erschlossen sein. Es muß faktisch nur die Turbo-Pascal-Ausgabe auf den MS-DOS-Standard-OUTPUT umgeleitet werden.
Wie so oft, hat die Sache aber auch einen Haken. Und der äußert sich zum Beispiel beim Einsatz der WINDOW-Prozedur. Die Ausgabe über den Standard-OUTPUT von DOS schert sich nämlich wenig um eventuell gesetzte Fenster.
Man sollte es einmal ausprobieren. Das Experimentieren fördert hier viele interessante Details zutage.

Literatur

/1/ Lindner, F.: Filterprogramme und Pipes. Mikroprozessortechnik, Berlin 2 (1988) 9, S. 263–266
/2/ Heimsoeth Software GmbH & Co: TURBO-PASCAL-Handbuch Version 3.xx (6. Auflage). Oktober 1986
/3/ Heimsoeth Software GmbH & Co: TURBO PASCAL Version 4.0 Referenzhandbuch.

Call for Papers

TECHNO-DATA '90

International Conference on „Engineering Information in Data Bases and in Knowledge Based Systems"
December 4.–8, 1990
Berlin, G.D.R.

Topics
- Data Bases for Engineering Applications
- Knowledge Based Systems for Engineering Applications
- Theoretical Foundations, Tools, Product Data Modelling
- Integration and Interconnection of Data Bases and Knowledge Bases
- Product Data Exchange, Standards
- Graphical Interfaces and Visual Data Bases

Members of the Programm Committee are from Bulgaria, China, P. R., Czechoslowakia, France, FRG, GDR, Hungaria, Poland, USSR.

Please kontact
Academy of Sciences of the GDR, Institute of Informatics and Computing Technique, TECHNO-DATA '90, Rudower Chaussee 5–6, Berlin, DDR-1199

Jenček

Datenbankbetriebssystem MIMER auch auf dem PC

Dr. Uwe Wloka
Medizinische Akademie „Carl Gustav Carus", Institut für Medizinische Informatik

Das Datenbankbetriebssystem MIMER wurde nicht speziell für PCs entwickelt, sondern dient der Ergänzung der MIMER-Anwendungen auf Mainframe-, Supermini- und Minicomputer. Auf allen diesen Ebenen ist ein Programm für den Export und Import von MIMER-Datenbanken vorhanden. MIMER auf PCs sollte also nicht als Konkurrenz zu dem bewährten dBase III (Plus), sondern als Ergänzung der MIMER-Produkte unter dem Portabilitätsaspekt und unter dem Aspekt weitergehender Systemleistungen gesehen werden.
MIMER kann schnell und problemlos auf dem 16-Bit-PCs installiert werden. Die Leistungsparameter gestatten eine effektive Anwendung und eine relativ universelle Einsetzbarkeit für Datenbankaufgaben der verschiedensten Sachgebiete.
Damit können zahlreiche Vorteile von MIMER auf ESER- und SKR-Computer auch auf dem 16-Bit-PC genutzt werden.
Eine klare Systemarchitektur, der modulare Aufbau und Möglichkeiten zur flexiblen Anpassung an verschiedene Nutzeranforderungen sowie weitgehende Portabilität zeichnen das Datenbankbetriebssystem MIMER aus. Es wird in der DDR gegenwärtig auf folgenden Computern genutzt:

Tafel 1 Computer und Betriebssysteme, für die MIMER verfügbar ist

	ESER	SKR	16-Bit-PC	32-Bit-Computer
Computer	EC 1035 DIS EC 1057	SM4 SM 52-11 SM 1420 I 102 K 1630	EC 1834 A 7150 Schneider PCs XT-/AT-kompatible PCs	K 1840
Betriebssystem	MVT SVS SVM MVS	OS-RW DOS-RV MIX RSX11M MOOS (nur Single)	MS-DOS DCP	SVP VMS

Verschiedene Nutzerschnittstellen (Dialogschnittstelle, Wirtssprachenschnittstelle) kennzeichnen MIMER.
Der Vorteil der weitgehenden Portabilität ist verbunden mit einer Programmiersprachenunabhängigkeit, so daß von den auf verschiedenen Computerebenen benutzten unterschiedlichen Programmiersprachen zu den Leistungen der Wirtssprachenschnittstelle MIMER/DB zugegriffen werden kann.

Tafel 2 Programmiersprachen, die MIMER nutzen können

	ESER	32-Bit-Computer	SKR	16-Bit-PC
Programmiersprache	Fortran PL 1 ADA Pascal Cobol Lisp	Fortran C Pascal Cobol	Fortran Pascal ADA	Fortran C ADA Turbo-Pascal Cobol Basic

MIMER kann im Single- und Multi-User-Betrieb (unter MS-DOS nur Single-User) genutzt werden. Der relativ schnelle Zugriff zu den Daten bei weitgehenden Vorkehrungen für den Zugriffsschutz und die Datensicherheit gewährleisten eine effektive Arbeit.
Es besteht ein günstiges Verhältnis zwischen dem Leistungsumfang und dem Speicherbedarf.
Kurze Einarbeitungszeiten und eine hohe Praktikabilität gewährleisten eine hohe Akzeptanz des Systems.
Das Kernstück des Datenbankbetriebssystems ist der Data Base Handler **MIMER/DB**. Er erlaubt alle Datenbankfunktionen wie das Definieren von Datenbanken und Tabellen, das Manipulieren, das Recherchieren und das Kopieren der Daten, den Datenschutz

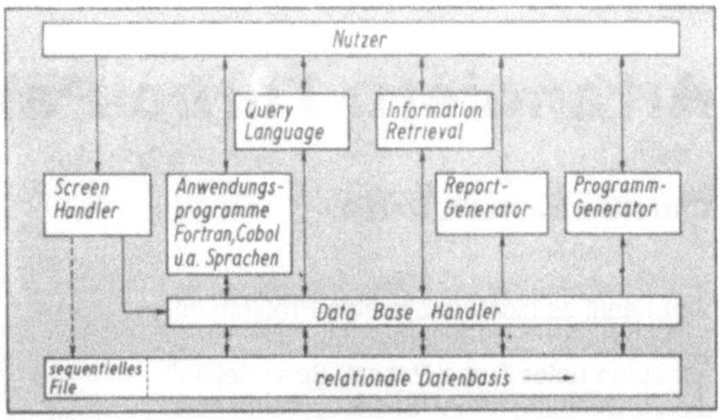

Bild 1 Komponenten des Datenbankbetriebssystems MIMER auf 16-Bit-PCs

und die Datensicherheit. Die Datenbankfunktionen werden als Routinen von MIMER/DB bereitgestellt und können von Anwenderprogrammen oder vom MIMER-System aufgerufen werden. Da die DB-Routinen auf dem PC aus Fortran aufrufbare C-Programme sind, muß die Aufrufsequenz von MS-Fortran beachtet werden.
Die DB-Routinen sind in einer Bibliothek DBLIB.LIB enthalten und werden in die Anwenderprogramme gelinkt.
MIMER/QL (Query Language) ist der Name sowohl für eine leicht erlernbare, SQL-ähnliche Definitions- und Manipulationssprache für die Datenbankarbeit im Dialog als auch für die MIMER-Komponente, die diese Datenbankarbeit ausführt.
Für häufig wiederkehrende Anfragen können QL-Kommandos und Prozedurstatements in Prozeduren zusammengefaßt, mit einem Prozedureditor bearbeitet und mit einem Prozedurhandler abgearbeitet werden.
Es besteht auch die Möglichkeit zur Abarbeitung einzelner MS-DOS-Kommandos und

zur vorübergehenden Arbeit im MS-DOS-Kommandomodus, einschließlich des Starts weiterer Programme, ohne MIMER endgültig zu verlassen.
Der Screen Handler **MIMER/SH** unterstützt das Generieren von Bildschirmmasken für die Dateneingabe (einschließlich der Datenprüfung) und für die Datenausgabe über diese Masken. Für PCs ist allerdings kein Editor verfügbar.
Ausgehend von der Definitionssprache 4QL unterstützt der Programmgenerator **MIMER/PG** die Generierung von MIMER-Anwendungsprogrammen in C. Die Programmgenerierung muß auf einem Großrechner stattfinden. Die weitere Programmentwicklung (Übersetzen, Linken) kann am PC vorgenommen werden; es ist hier nur das Laufzeitsystem verfügbar.
Der Forms Manager **MIMER/FM** dient dem Anlegen, Verändern und Benutzen von Formblättern oder Bildschirmmasken und schließt viele Leistungen von *MIMER/SH* ein. MIMER/FM bietet zwar weniger Prüfmöglichkeiten, aber eine bedeutend einfachere Entwicklungstechnologie und einen Editor.
Die Systemarchitektur der MIMER-Komponenten unter MS-DOS ist im Bild 1 dargestellt.
Zusätzlich zu den Hauptkomponenten stehen auf dem PC einige Hilfsprogramme für spezielle Aufgaben zur Verfügung.
DBADM unterstützt die Aufgaben des Datenbankadministrators beim Definieren und Löschen von Datenbanken, Zugriffsrechten und Nutzern.
DBXIM dient dem Export und Import von Datenbanken oder Tabellen zwischen verschiedenen Computern.
DBBRU fertigt Sicherheitskopien an und erlaubt das Zurückkopieren von defekten Datenbanken aus Sicherheitskopien und LOG-Datenbanken.
DBGEN generiert eine Systemdatenbank als aktives Data Dictionary von MIMER.
Zur Installation von MIMER auf 16-Bit-PCs unter MS-DOS sind die folgenden Voraussetzungen erforderlich:

Hardware
- XT-/AT-kompatibler PC
- Festplatte mit mindestens 2 MByte freiem Speicherplatz
- mindestens 512 KByte Hauptspeicher

Software
- MS-DOS ab Version 2.0
- geeignete Fortran oder C-Compiler
- 8086/8088-Objekt-Linker

In den Systemdateien CONFIG.SYS und AUTOEXEC.BAT müssen die MIMER-spezifischen Eintragungen ergänzt werden.

Literatur
/1/ Autorenkollektiv: Handbuch des Datenbankbetriebssystems MIMER (Teil 1). Schriftenreihe „Informationsverarbeitung im Hoch- und Fachschulwesen", Berlin 1986
/2/ Schreiter, D.; Wloka, U.; Dramm, P.; Rosenpflanzer, J.: Erfahrungen bei der Anwendung eines relationalen Datenbanksystems. rechentechnik/datenverarbeitung, Berlin 24 (1987) 7, S. 24

✉ KONTAKT ☏
Medizinische Akademie „Carl Gustav Carus", Institut für Medizinische Informatik, Fiedlerstr. 74, Dresden, 8019, Tel. 4 58 35 82

Ein verteiltes Programmentwicklungskonzept für Mikrorechner

Ralf Neuthe
Wilhelm-Pieck-Universität Rostock, Sektion Technische Elektronik

Die Programmierung von Rechnern ohne Standardperipherie oder gar von Einchipmikrorechnern stellt viele Geräteentwickler in der Prozeßautomatisierung vor nicht unerhebliche Probleme. Oft können nur Assembler oder Crossassembler (Assembler für fremde Prozessoren) eingesetzt werden. Für Testung und Inbetriebnahme der Software stehen neben den teuren und schlecht verfügbaren Emulatoren und Logikanalysatoren kaum Hilfsmittel zur Verfügung. Daraus ergibt sich eine verhältnismäßig geringe Effektivität beim Entwickeln der Programme und einen damit verbundenen erheblichen Anstieg der Softwarekosten.

In diesem Beitrag wird eine Softwarelösung vorgestellt, die ein interaktives Entwickeln und Testen von Programmen für zugeschnittene Rechnerkonfigurationen (Zielrechner) ermöglicht. Zur Programmierung, Steuerung und Beobachtung des Zielrechners braucht nur in der Entwicklungsphase ein zusätzlicher PC als Entwicklungsrechner angeschlossen zu werden. Dabei entsteht ein einfaches Mehrrechnersystem (z. B. ein intelligenter Sensor – mit eigenem Prozessor – an einem PC.

Weiterhin wird die softwareseitige Lösung der Rechnerkopplung zwischen Entwicklungs- und Zielrechner beleuchtet, da sie auch für andere Einsatzfälle von Interesse sein kann.

Zielstellungen

Es soll von dem Mehrrechnersystem sowenig wie möglich Notiz genommen werden müssen. Die Programmierung des Zielrechners soll nach den gleichen Regeln, in der gleichen Art und mit der gleichen Unterstützung möglich sein, wie die „normale" Programmierung eines PCs. Es soll der Eindruck entstehen, daß man nur an dem Zielrechner arbeitet, an den die Peripherie des Entwicklungsrechners angeschlossen wurde und auf dem die bekannten Softwarewerkzeuge des Entwicklungsrechners laufen.
Für eine möglichst gute Annäherung an diese Ziele ist die Arbeit mit der Schnittstelle für die Rechnerkopplung vollständig zu verdecken. Notwendige Kommunikationen müssen automatisch und ohne jedes Dazutun des Bedieners erfolgen.
An den Zielrechner sollten so wenig wie möglich zusätzliche Ansprüche gestellt werden. Das betrifft insbesondere den Speicherausbau. Deshalb ist die dort erforderliche Zusatzsoftware auf ein Minimum zu reduzieren. Aus diesem Grund müssen alle zusätzlich erforderlichen Aktionen für die Funktion des Gesamtsystems wie Codegenerierung und Testhilfen auf dem Entwicklungsrechner laufen. Weiterhin sollten die Forderungen an die unerläßliche Schnittstelle so gering wie möglich gehalten werden.

Das Konzept
Aufbau

Man baut ein Rechnersystem auf, bei dem sowohl Hard- als auch Software verteilt sind. Bei dieser Rechnerkopplung fungiert der Entwicklungsrechner als Master. In ihm steckt der Hauptteil der Software, die eine interaktive Kommunikation mit dem als Slave arbeitenden Zielrechner ermöglicht (Bild 1).
Die hardwareseitige Ausführung der Schnittstelle ist ohne Belang. Sie braucht nur einen bidirektionalen Datentransfer zu ermöglichen. Eine Einschränkung besteht nur in der unbedingten Forderung nach der Existenz einer für den Entwicklungsprozeß frei verfügbaren Schnittstelle. Im Bereich der Prozeßautomatisierung ist das meistens gegeben, da oft ohnehin eine bidirektionale Verbindung zur übergeordneten Rechentechnik erforderlich ist. Dort kann man eventuell sogar die Geräte dieser Ebene als Entwicklungsrechner benutzen, so daß für die Softwareentwicklung nicht einmal die Hardwaresubstanz modifiziert zu werden braucht.

Wahl der Programmiersprache

Für ein solches verteiltes System ist die Programmiersprache Forth /1/ bestens geeignet. Sie bietet gute Voraussetzungen für eine effektive Softwareentwicklung sowohl für den Entwicklungsrechner (in ihrer Eigenschaft als Hochsprache) als auch für den Zielrechner (mit ihrer Maschinennähe). Damit ergibt sich eine homogene Softwarelösung für das Gesamtsystem, da beide Rechner auf die gleiche Weise programmiert werden.
Der Betriebssystemcharakter von Forth ermöglicht die Bereitstellung der vollständigen Programmierumgebung „unter einem Dach". Das erleichtert die Simulation einer Umge-

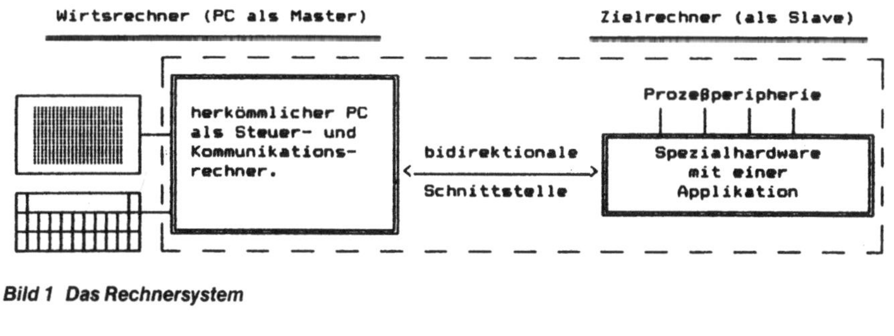

Bild 1 Das Rechnersystem

bung, in der sogar Werkzeuge für Rückübersetzung und Einzelschrittbetrieb auf dem Zielrechner laufen /2/, /3/, /4/.
Das an der WPU für die Programmierung und Inbetriebnahme von speziellen Rechnerkonfigurationen in der Automatisierungstechnik entwickelte System ist eine auf das Basissystem *comFORTH 2* nachladbare Applikation. Es trägt den Namen *comFORTH-plus*.

Bedienoberfläche

Da die gesamte Software in Forth programmiert wurde, konnten bei der Gestaltung der Bedienoberfläche die speziellen Dialog-Eigenschaften dieser Sprache (Präfix-Notation, Aufruf der Programme durch das Nennen ihres Namens) für eine Vereinfachung des Gesamtkonzepts ausgenutzt werden.
Die Arbeit mit den beiden Rechnern erfolgt nach einem sehr einfachen Prinzip: Man gibt auf dem Entwicklungsrechner durch die Wahl der Betriebsart an, mit wem gearbeitet werden soll. Dafür existieren ein Host-Modus für den Entwicklungsrechner selbst und ein Target-Modus für den Zielrechner. Entsprechend werden alle Angaben wie Wortnamen (vergleichbar mit symbolischen Programmadressen) oder Speicherzugriffe auf den jeweils ausgewählten Rechner bezogen.
Im Host-Modus verhält sich das Softwaresystem so, als ob man mit einem gewöhnlichen Forth arbeitet. Mit der Umschaltung auf den Target-Modus ändern sich für den Bediener scheinbar nur die Bezüge. Es sind jetzt die Worte (Programme) des Zielrechners verfügbar. Man kann sie (wie in einem gewöhnlichen Forth) durch das Nennen ihres Namens zur Ausführung bringen. Damit entsteht der Anschein, daß man nur noch auf dem Zielrechner arbeitet.

Programmierung
Aufwand auf dem Zielrechner

comFORTH-plus wurde so angelegt, daß der zusätzliche Aufwand für die Kopplung auf dem Zielrechner so gering wie möglich gehalten werden kann. Dieser besteht in der Programmierung von Routinen für:
- Schnittstelle initialisieren
- 16 Bit senden
- 16 Bit empfangen.

Dabei kann fast immer auf vorhandene Schnittstellenprozeduren zurückgegriffen werden. Weiterhin muß das Rahmenprogramm für die Kommunikation mit dem Entwicklungsrechner aufgenommen werden. Es ist von der jeweiligen Umgebung unabhängig, in Forth formuliert und belegt nur zirka 30 Byte des oft sehr eng bemessenen Speichers.

Die Software des Entwicklungsrechners

Auf dem Entwicklungsrechner befindet sich das „Hirn" des verteilten Systems. Hier sind neben den eigenen auch die Namen der Worte des Zielrechners gespeichert. Sie befinden sich ebenfalls im Wörterbuch /3/. Dadurch jedoch, daß sie über eine separate Suchordnung verwaltet werden, können sie von den Wörtern des Entwicklungsrechners unterschieden werden. Weiterhin befinden sich auf dem Entwicklungsrechner Werkzeuge zum Testen von Programmen des Zielrechners, ein Zielcompiler, mit dessen Hilfe weitere Programme in Hochsprache erzeugt werden können, sowie ein Zielassembler für den Prozessor des Zielrechners für das Erzeugen von Maschinenroutinen. Damit eignet sich comFORTH-plus nicht nur für das Testen und die Inbetriebnahme von Programmen, sondern auch zu deren Ergänzung um weitere Wörter (Programme). Das bringt eine erhebliche Verkürzung des Softwareentwicklungszyklus (Editieren, Übersetzen, Testen) mit sich.

Ausführen von Zielprogrammen
Befindet man sich im Target-Modus, kann man als Bediener auf dem Entwicklungsrechner die Wörter des Zielrechners in der forthtypischen Form durch Nennen ihres Namens ausführen. Intern befindet sich dafür der Forth-Interpreter in einem speziellen Zustand, in dem für jedes in der Suchordnung des Zielrechners gefundene Wort seine dortige Adresse ermittelt und an **TEXEC** (Bild 2) übergeben wird. Dieses prüft zuerst, ob vom Zielrechner eine Quittung als Signal der Empfangsbereitschaft vorliegt. Falls dies nicht der Fall ist, wird aktiv auf ihr Eintreffen gewartet. Damit ist die Synchronisation der beiden Rechner auf einfachste Art erreicht. Danach wird die Adresse des auszuführenden Wortes an den Zielrechner übermittelt. Er interpretiert laut seinem Rahmenprogramm **QUIT** (Bild 3) alle so empfangenen Daten als eine Codefeldadresse /1/ und ruft das sich dort befindliche Wort auf. Damit ist der gewünschte Programmstart auf dem Zielrechner durchgeführt worden. Nach dessen Bearbeitung erfolgt wieder eine Rückkehr in das Rahmenprogramm. Dieses sendet eine Quittung an den Entwicklungsrechner und geht danach erneut auf Empfang.
In der Zeit zwischen dem Aussenden der Adresse und dem Empfang der Quittung kann sich der Entwicklungsrechner auch anderen Aufgaben widmen. Damit ist eine parallele Programmierarbeit auf beiden Rechnern möglich. Im Rahmen des Testens und der Inbetriebnahme von Software ist dieser Fakt allerdings von nebensächlicher Bedeutung und soll deshalb hier nicht weiter betrachtet werden.

Übermitteln von Daten
Wenn in Forth im interpretativen Zustand Zahlen eingegeben werden, so gelangen sie als 16-Bit-Daten auf den Parameterstapel. Dort werden sie von den Forth-Worte (Programmen) erwartet oder als Ergebnis hinterlassen. In funktioneller Analogie werden im Target-Modus die Zahlen auf den Stapel des Zielrechners gelegt.
Die Möglichkeit der Übermittlung von Daten zwischen Eintwicklungs- und Zielrechner muß demnach ebenfalls vorhanden sein. Forth kommt uns hier mit seiner Strategie der Problemlösung schon auf halbem Wege entgegen. Eine Datenübertragung ist nämlich nichts anderes, als 16 Bit auf der einen Seite (vom Stapel) zu senden und auf der anderen (zum Stapel) zu empfangen. So etwas läßt sich auf der Basis von TEXEC programmieren (siehe Bild 4).
Für das Senden von Daten zum Zielrechner (PUT) wird auf diesem das Wort *16 Bit empfangen* aktiviert. Auf dem Entwicklungsrechner brauchen die nächsten 16 Bit nur zusätzlich gesendet zu werden. Für die Übertragung in der entgegengesetzten Richtung (GET) wird auf dem Zielrechner das Wort *16 Bit senden* gestartet und auf dem Entwicklungsrechner der Empfang veranlaßt. Dieses Verfahren verlangt auf dem Zielrechner kein zusätzliches Programm. Der Nachteil besteht in der uneffektiven Benutzung der Schnittstelle, da zu jedem Datentransfer zwei zusätzliche Übertragungen (Adresse des Wortes und die Quittung) hinzukommen.

Erzeugen von Programmen
Zum Erzeugen von Programmen auf dem Zeilrechner stehen ein Zielcompiler zur Programmierung in Forth und ein Zielassembler für die Maschinenprogrammierung zur Verfügung. Beide laufen, wie schon erwähnt, auf dem Entwicklungsrechner. Da der Zielassembler nur Maschinencode für den Zielprozessor zu erzeugen hat, ist er von der CPU des Entwicklungsrechners unabhängig.
Bevor mit dem Erzeugen von Zielprogrammen begonnen werden kann, muß ermittelt werden, wo der neue Code auf dem Zielrech-

```
 Datei C:WIRT.CF2     Block 1
\ TEXEC                                              RN 03-Jan-88

: TEXEC  ( ps: 'cf ===> ; veranlasst Ausfuehrung des Wortes   )
         (                 mit 'cf auf dem Zielrechner        )
  AUX>          \ Empfang der Quittung [evtl. warten]
  TEXEC?        \ Quittung auswerten [evtl. Fehlernachricht]
  >AUX          \ 'cf zum Zielrechner abschicken
  ;             \ Definition beendet
```

Bild 2 Interpreteranschluß für das Starten von Zielprogrammen

```
 Datei C:ZIEL.CF2     Block 1
\ QUIT                                               RN 03-Jan-89

: QUIT  ( ps: ===> ; Rahmenprogramm fuer den Zielrechner )
  RP0 RP!         \ gehoert zur FORTH-typischen Initialisierung
  0 >AUX          \ Dummy-Quittung abschicken
  BEGIN           \ Anfang der Endlosschleife
     AUX>         \ 16 Bit empfangen [evtl. warten]
     EXECUTE      \ als Adresse ansehen & ausfuehren
     0 >AUX       \ Quittung als Fertigmeldung zurueckschicken
  AGAIN           \ unbedingter Ruecksprung zu BEGIN
  ;
```

Bild 3 Rahmenprogramm des Zielrechners

ner plaziert werden soll. Alle weiteren notwendigen Informationen, zum Beispiel die Adressen anderer Worte (Programmodule), befinden sich bereits auf dem Entwicklungsrechner.
Während des Übersetzungsvorganges wird der Programmcode automatisch zum Zielrechner übertragen und dort in den Speicher eingeschrieben. Nach syntaktisch korrektem Abschluß erhalten die neuen Worte einen gültigen Eintrag im Wörterbuch des Entwicklungsrechners und sind somit aufrufbar.
Weiterhin besteht die Möglichkeit, Programme für den Entwicklungsrechner zu erzeugen, die sich auf Worte des Entwicklungs- und des Zielrechners beziehen. Am Beispiel einer schnellen Blockübertragung soll das näher erläutert werden (siehe Bild 5).
Das Wort **BPUT** (Block 1) wird für den Zielrechner definiert, daß heißt, daß der Programmcode dorthin übertragen und im Zielrechner abgelegt wird. Der Wörterbucheintrag zu BPUT bleibt auf dem Entwicklungsrechner. Wird BPUT vom Entwicklungsrechner aus aufgerufen, so arbeitet es auf dem Zielrechner.
In Block 2 wurde **BGET** definiert. Dieses Wort verbleibt komplett im Entwicklungsrechner und arbeitet bei seinem Aufruf auch hier. In BGET veranlaßt das Wort **TARGET**, daß ab jetzt Wörter des Zielrechners (hier BPUT) benutzt werden sollen. Mit **HOST** wird wieder auf die Verwendung von Wörtern des Entwicklungsrechners zurückgeschaltet. Mit dem Aufruf von BGET erreicht man, daß zuerst die für BPUT notwendigen Parameter übertragen werden und danach BPUT auf dem Zielrechner zur Abarbeitung gebracht wird. Die folgenden Instruktionen laufen dann ausschließlich auf dem Entwicklungsrechner.

Entwicklungswerkzeug Cross-Compiler

Damit der Zielrechner überhaupt mit dem Entwicklungsrechner kommunizieren kann, benötigt er mindestens das Rahmenprogramm **QUIT** (Bild 3) und die darin verwendeten Wörter. Für dessen Erzeugung ist ein weiteres Softwarewerkzeug erforderlich. Im Rahmen der Gesamtkonzeption kommt dafür nur ein Forth-Compiler in die engere Auswahl. Der *comFORTH-CrossCompiler* /5/ wird dieser Aufgabe gerecht. Er kann neben interaktiven Forth-Basissystemen (comFORTH wurde ebenfalls mit Hilfe dieses Cross-Compilers generiert) auch kleine Forth-Programme erzeugen. Eine funktionelle Aufteilung des Codes in verschiedene Speichersegmente, unter anderem auch eine ROM-RAM-Trennung, ist möglich. Für die Arbeit mit comFORTH-plus wird die Möglichkeit des Separierens der Wortköpfe (Wortname) in ein extra Speichersegment (bedeutet für den Cross-Compiler das Erzeugen einer separaten Datei) ausgenutzt. Sie sind ja der Teil des Zielprogramms, der auf dem Entwicklungsrechner benötigt wird.
Wurde die Applikation für den Zielrechner fertig ausgetestet und als praxistauglich befunden, wird sie noch einmal komplett mit Hilfe des Cross-Compilers als abgeschlossene Lösung übersetzt und ist damit einsatzfähig.

Ausblick

Der Beitrag zeigt, wie durch eine Rechnerkopplung mit einer einfachen Schnittstellenbedienung ein beeindruckender Durchgriff vom Entwicklungs- auf den Zielrechner möglich ist. Da sich fast der gesamte Softwareaufwand auf dem Entwicklungsrechner befindet, sind die Ansprüche hinsichtlich der Zielhardware minimal.
comFORTH-plus entfaltet mit seiner Umgebung eine außergewöhnliche Effektivität, die die Programmentwicklungszeiten für Zielrechner stark schrumpfen läßt. Das ist vor allem auf die enorme Verkürzung des Softwareentwicklungszyklus zurückzuführen, die dadurch eintritt, daß soeben übersetzte Worte (Programmteile) unmittelbar gestartet, korrigiert und wieder neu übersetzt werden können. Als Beispiel soll die Softwareentwicklung für eine an der WPU entwickelte intelligente Grafikkarte mit Z 80-CPU dienen, die vorher mit Hilfe eines Macroassemblers programmiert wurde. Nach Einführung des Werkzeuges comFORTH-plus erhöhte sich die Effektivität der Programmierung etwa auf das 5fache. Dadurch konnte die Entwicklung einer GSX-Firmware vorgenommen werden. comFORTH-plus ist ausschließlich in Forth geschrieben und wurde auf das Basissystem comFORTH 2 nachgeladen /6/. Da es sich nur an den forthinternen Schnittstellen orientiert, ist es sofort überall dort einsetzbar, wo comFORTH 2 /7/ läuft. Das sind alle Rechner mit den Betriebssystemen CP/M-80 (Versionen 2.2 und 3.0), CP/M-86 (Version 2.2) und MS-DOS (ab Version 3.0).

Literatur

/1/ Brodie, L.: Programmieren in FORTH. München: Carl Hanser Verlag 1986
/2/ Woitzel, E.: comFORTH – Programmierwerkzeug FORTH unter SCP. edv-aspekte, Berlin 5 (1986) 4, S. 47
/3/ Höhenleitner, T.: FORTH – eine moderne Softwarephilosophie. Mikroprozessortechnik, Berlin 2 (1988) 2, S. 35
/4/ Vack, G.-U.: FORTH: Eine außergewöhnliche Softwarekonzeption. Mikroprozessortechnik, Berlin 1 (1987) 6, S. 163
/5/ Neuthe, R.: CrossCompiler für FORTH. Vortrag auf der Fachtagung FORTH, Suhl 1988
/6/ Woitzel, E.; Neuthe, R.: Programmierung zugeschnittener Rechnerkonfigurationen unter FORTH. Postervortrag auf dem 33. Internationalen Wissenschaftlichen Kolloquium der Technischen Hochschule Ilmenau 1988
/7/ Woitzel, E.: Neue Leistungsmerkmale des Basissystems comFORTH 2.0. Vortrag auf der Fachtagung FORHT, Suhl 1988

✉ KONTAKT ☏

Wilhelm-Pieck-Universität Rostock, Sektion Technische Elektronik, Wissenschaftsbereich Automatische Steuerungen, Albert-Einstein-Straße 2, Rostock 6, 2500; Tel. 40 52 02


```
: PUT ( ps: 16b ===> ; Transfer zum Zielrechner )
     TARGET AUX> HOST >AUX ;

: GET ( ps: ===> 16b ; Transfer vom Zielrechner )
     TARGET >AUX HOST AUX> ;
```

Bild 4 Programmvariante für **PUT** *und* **GET**

```
  Datei C:TRANSFER.CF2 Block 1
\ Transfer vom HOST                                 RN 22-Dez-88
\ Uebertragung von n Byte ab Adresse "Anfang"

 TARGET                \ Beginn der Arbeit auf dem Zielrechner
: BPUT  ( ps: Anfang n ===> ; Block senden )
  OVER                 \ Kopieren von "Anfang" zur Stapelspitze
  +                    \ Addition "Anfang + n"
  SWAP                 \ Vertauschung von "Anfang" und "Anfang+n"
  DO                   \ Beginn der Schleife, Durchlauf von
                       \ "Anfang" bis "Anfang+n-1"
     I                 \ Schleifenindex = Adresse
     C@                \ Byte von Adresse lesen
     >AUX              \ und zur Schnittstelle abschicken
  LOOP                 \ Ende der Schleife
;                      \ Ende der Definition

  Datei C:TRANSFER.CF2 Block 2
\ Empfang vom TARGET                                RN 22-Dez-88
\ Empfang von n Byte ab Adresse "TAnfang" und Ablage ab Adresse
\ "HAnfang" im Wirtsrechner

 HOST                  \ Arbeit auf dem Wirtsrechner
: BGET  ( ps: HAnfang n TAnfang ===> ; Block empfangen )
  PUT                  \ "TAnfang" zum Zielrechner uebermitteln
  DUP PUT              \ "n" duplizieren und abschicken
  TARGET BPUT HOST     \ "BPUT" auf dem Zielrechner anstossen und
                       \ folgende Aktionen wieder auf dem Wirt
  OVER + SWAP          \ Parameter fuer die Schleife bereitstellen
  DO                   \ Beginn der Schleife
     AUX>              \ Byte empfangen
     I                 \ Schleifenindex = Adresse
     C!                \ Byte auf Adresse abspeichern
  LOOP ;
```

Bild 5 Programm für eine schnelle Blockübertragung

TERMINE

1. Wissenschaftliche Konferenz INFORMATIK

WER? Informatik-Zentrum des Hochschulwesens an der Technischen Universität Dresden
WANN? 22. bis 23. Februar 1990
WO? Dresden
WAS?
- Softwaretechnologie und Programmiersprachen
- Rechnernetze
- Informatik und CIM
- Künstliche Intelligenz

WIE? Anfragen richten Sie bitte an den Veranstalter: Technische Universität Dresden, Informatik-Zentrum, Konferenz INFORMATIK, Tagungsbüro, Mommsenstraße 13, Dresden, 8027; Tel. 4 57 53 38.

Prof. Dr. Tzschoppe

Wissenschaftliche Tage 1990

WER? Technische Universiät „Otto von Guericke“ Magdeburg
WANN? 3. bis 13. September 1990
WO? Magdeburg
WAS?
- VI. Symposium „Zuverlässigkeit“ vom 3. bis 5. September
- 4. Fachtagung „Gestaltung von Fertigungsprozessen im Maschinenbau“ vom 5. bis 6. September
- 8. Vortragstagung „Fertigung und Gütesicherung im Zahnradgetriebebau“ vom 12. bis 13. September

WIE? Teilnahmemeldungen richten Sie bitte an: Technische Universität „Otto von Guericke“ Magdeburg, Tagungsbüro, PSF 124, Magdeburg, 3010

Prof. Dr. Probst

Computer-Club

MS-DOS-Tip

Tastaturbelegung ändern

Wenn in die Datei CONFIG.SYS die Befehlszeile DEVICE = ANSI.SYS integriert wird, stehen erweiterte Möglichkeiten zur Bildschirmsteuerung zur Verfügung. Dabei kommen dann ANSI-Steuerfolgen zur Anwendung. Diese sind bindend, falls sie durch DOS-Aufrufe ausgesendet werden, welche die Standardeingabe- bzw. -ausgabeeinheit oder die Standardfehlerausgabeeinheit benutzen. Dies sind die Funktionsaufrufe 01H, 04H, 06H, 07H, 09H und 40H. Die Steuerfolgen für die ANSI-Treiber sind keine Befehle oder Kommandos für MS-DOS und können nicht in der CONFIG.SYS- oder der AUTOEXEC.BAT-Datei als Kommandozeilen stehen.

Für die Umkodierung der Tastaturbelegungen sind im ANSI-Standard folgende Steuerfolgen enthalten:

ESC [#; #; . . ; #P
ESC [„KETTE" P
ESC [#; „KETTE"; #;
#; „KETTE"; #P

oder jede beliebige Kombination von Zeichenkette und Dezimalwert eines Zeichens.

Der erste ASCII-Kode in der Steuerfolge definiert die neu zu belegende Taste. Die restlichen Zeichen definieren die Zeichenfolge, die von der Taste neu geliefert werden soll. (Beachte: Ist der erste Kode in der Steuerfolge 0 (00H), dann bilden der erste und der zweite Kode zusammen den *erweiterten* ASCII-Kode).

Die Ausführung der ESC-Steuerfolgen kann erreicht werden durch:
- eine Datei, die die Steuerfolgen enthält und die Darstellung dieser auf dem Bildschirm mit dem Kommando TYPE oder COPY;
- Ausführung der Kommandos nach der MS-DOS-Bereitschaftsanzeige.

Beispiele:

1. Umdefinieren der Taste A bzw. a zu Q bzw. q:

Erzeugen einer Datei:
ESC [65; 81P → A wird Q
ESC [97; 113P → a wird q

Nach MS-DOS-Bereitschaftsanzeige:
prompt $e [65; 81P → A wird Q
prompt $e [97; 113P → a wird q

2. Belegen der Taste F10 mit der Zeichenkette *dir* und einem nachfolgendem Wagenrücklauf:

Erzeugen einer Datei:
ESC [0; 68; „dir"; 13 p

Nach MS-DOS-Bereitschaftsanzeige:
promt $e [0; 68; „dir"; 13 p

das Metasymbol $e ist die Darstellung von ESC (1BH) im PROMPT-Kommando. Der erweiterte ASCII-Kode für die Taste F10 ist 0 und 68. Für den Wagenrücklauf steht 13 (ODH).

Dimiter Mantschew

Temperaturmessung mit dem KC 85/1

Für Laborversuche bestand die Aufgabe, das Digitalthermometer DTM 2010 mit dem Kleincomputer KC 85/1 zu koppeln.

Die Temperaturmeßwerte sollen vom Kleincomputer abgefragt, gespeichert und verarbeitet werden. Zur Meßwertabfrage soll ein anwenderfreundliches Basic-Programm eingesetzt werden, das den numerischen Temperaturmeßwert einer Variablen zuordnet.

Die Ausgabe des gemessenen Temperaturwertes erfolgt entsprechend der Anwenderdokumentation des Digitalthermometers DTM 2010 /1/ mit einem dem IMS-2-Standard ähnlichen Verfahren. Das Meßergebnis wird byte-seriell, bit-parallel ausgegeben. Dabei entspricht der Ausgang DIO 1 dem Bit (2^7) und DIO 8 dem Bit (2^0) des Datenbytes. Zur Steuerung sind drei Leitungen mit den Signalbezeichnungen NDAC, NRFD (Eingänge) und DAV (Ausgang) vorhanden. Für diese Signale wurden nachfolgende Funktionen ermittelt:

NDAC = negierte Datenempfangsquittung, aktiv mit H-L-Flanke
NRFD = negierte Datenanforderung, aktiv mit L-H-Flanke
DAV = Sendedaten gültig, aktiv mit H-L-Flanke

Alle Signale sind mit dem Lastfaktor 1 TTL-kompatibel.

Der Anschluß des Digitalthermometers DTM 2010 an den Kleincomputer KC 85/1 erfolgt über die Hardware nach Bild 1, die keine Eingriffe in die Geräte erfordert. Die Betriebsspannung von + 5 V erhält der Schaltkreis DL 000 vom Kleincomputer.

Er ist in der Griffschale des Steckers XS 2 in Freiverdrahtung eingebaut.

Das Verbindungskabel zwischen Thermometer und Kleincomputer ist im vorliegenden Fall 55 cm lang. Damit Störungen unterdrückt werden, sind alle freien Adern und der Kabelschirm einseitig im Stecker XS 2 auf Masse geschaltet.

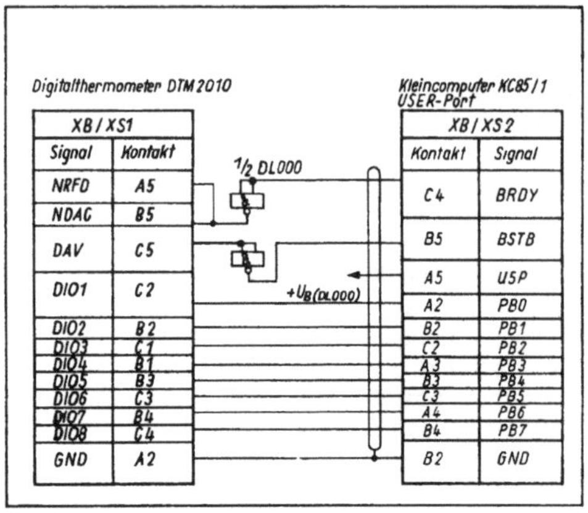

Als Eingang am Kleincomputer KC 85/1 wird der PIO-Port des Useranschlusses /2/ genutzt.

Das Basic-Programm ist als Unterprogramm für die häufig genutzte Betriebsart Mittelwertmessung des Digitalthermometers DTM 2010 geschrieben. Leider ist die Synchronisation des Programmes mit dem Basic-Befehl WAIT nicht möglich.

Als Alternative wird nach der Teilzeichenkette „   MIT" für den Beginn der gültigen (störungsfreien) Meßwertübernahme gesucht. Wegen des asynchronen Starts des Programms sind mehrere Abfragen notwendig, bis die Teilzeichenkette „   MIT" gefunden wird. Die Folge sind unregelmäßige Programmlaufzeiten im Bereich 0,5 Sekunden bis 3 Sekunden für das Einlesen des Temperaturmeßwertes.

Das vorgestellte Beispielprogramm, welches die Abfrage des Digitalthermometers DTM 2010 im Unterprogramm durchführt, ereichte durchschnittlich 20 Messungen je Minute. Ist die Meßwertübernahme aus anderen Betriebsarten des Digitalthermometers DTM 2010 erforderlich, so ist in der Zeile 70 des Basic-Programmes die entsprechende Teilzeichenkette (z. B. „   MAX" für Maximalwert) einzutragen.

Die Zeichenkette fünf Leerzeichen (Normalbetrieb) ist nicht auswertbar, weil die Vornullen des Meßwertes in Leerzeichen umgewandelt werden.

```
10 RUN 100
20 OUT 139,7
30 X$ = ""
40 FOR I = 1 TO 16
50 X$ = X$ + CHR$ (255-INP (137))
60 NEXT
70 IF LEFT $ (X$, 5) = „     MIT"
   THEN Y = VAL (RIGTH $
   (X$, 10)) : RETURN : ELSE 30
100 CLS : PRINT „Aktuelle Tem-
   peratur:"
110 DIM X$ 16
120 GOSUB 20 : PRINT AT (5,7);
   „C      " : GOTO 120
```


Literatur

/1/ VEB Thermometerwerk Geraberg: Anwenderdokumentation Digitalthermometer DTM 2010, DTM 2020, DTM 2030. Geraberg 1985

/2/ VEB Robotron-Meßelektronik „Otto Schön" Dresden: Bedienungsanleitung Kleincomputer Z 9001 Dresden 1985

Bernd Voitel

✉ KONTAKT ☎

Ingenieurschule für Elektrotechnik und Maschinenbau Eisleben, Geiststraße 2, Eisleben, 4250; Tel. 54 84 App. 77

Nutzung der Fenstervektoren für Basic

Das Betriebssystem CAOS des KC 85/3 ermöglicht es, im Fenstervektorspeicher B99CH . . . B9FFH mit jeweils zehn Byte die Parameter von zehn verschiedenen Bildschirmfenstern abzulegen. Diese können jederzeit mit ihrer Nummer (0 . . . 9) aufgerufen werden, wobei der zuvor gültige Fenstervektor zurückgespeichert wird.

Wenn ein Basic-Bildschirmdesign mit mehreren Fenstern gestaltet werden soll, zwischen denen mehrfach gewechselt wird und die auch noch unterschiedliche Farben haben mögen, müssen jedesmal die Anweisungen WINDOW und COLOR (mit Parametern) programmiert werden. Das ist umständlich und mit dem Einsatz der Fenstervektoren eleganter lösbar.

Im Listing sind die zu programmierenden Einzelheiten zusammengestellt. Am Anfang des Basic-Programms werden die Parameter aller später benötigten Fenster mittels VPOKE in den Fenstervektorspeicher eingetragen. Die Bedeutung der Parameter, die in DATA-Zeilen einzusetzen sind, ist /1/ zu entnehmen. Die Fensternummer 0 muß dem vom Betriebssystem initialisierten Fenster vorbehalten bleiben! Danach wird die Adresse eines zum Aufrufen benötigten MC-Programms in eine von der USR-Funk-

Tafel 1 Aufbau des Fenstervektors

Byte	Bedeutung
0	Fensteranfang (Spalte)
1	Fensteranfang (Zeile)
2	Fenstergröße (Spalte)
3	Fenstergröße (Zeile)
4	Kursor (Spalte)
5	Kursor (Zeile)
6	Steuerbyte
7	Farbe
8	Reaktion auf das
9	Fensterende (aus 0B7A4/5)

```
BASIC-Programm
10 ! EINTRAGUNG IN DEN FENSTERVEKTORSPEICHER
15 ! FH = Höchste Fensternummer (1...9)
20 FOR I=1 TO FH : FOR J=0 TO 9
30 READ B : VPOKE 14748+10*I+J,B
40 NEXT J : NEXT I : VPOKE 14235,0
50 DATA ...          : ! Parameter f. Fenster 1
60 DATA ...          : ! Parameter f. Fenster 2
:
100 ! MC-ADRESSE EINTRAGEN
110 DOKE 772,MC
:
200 ! AUFRUFEN EINES FENSTERS
205 ! FX = Fensternummer
210 D=USR(FX) : ! D = Dummyvariable

Maschinencode-Programm
CD6FC9  MC  CALL 0C96FH   ;Parameterübergabe
7B          LD   A,E      ;Fensternr. nach A
1E3D        LD   E,3DH    ;CAOS-UP Nr.3DH
CD0CF0      CALL 0F015H   ;Programmvert. 5
C9          RET
```

tion vorgegebene Speicherzelle geschrieben. Nun kann an beliebiger Stelle im Programm über D=USR(FX) der Aufruf eines der initialisierten Fenster erfolgen. Die Variable D muß hier nur wegen des vorgeschriebenen Syntax eingeführt werden, ihr Wert ist uninteressant. Das kleine MC-Programm wird zweckmäßigerweise in einer REM-Zeile untergebracht. Es vermittelt die Parameterübergabe vom Basic- zum MC-Programm und ruft das CAOS-UP 3DH, mit dem schließlich der Aufruf des Fensters erfolgt.
Bemerkenswert ist noch folgender Unterschied: Beim Aufrufen des Fensters mit WINDOW springt der Cursor stets in die HOME-Position. Der Fenstervektor dagegen speichert die aktuelle Cursorposition, so daß beim Wiederaufruf eine begonnene Ausschrift fortgesetzt werden kann!

Wolfram Schütze

Gelöschte Basic-Programme erreichen

Durch NEW gelöschte Basic-Programme werden durch das Programm HELP (siehe Hexdump) für den KC 85/3 wieder erreichbar. Es wird aus dem Menü bzw. in Basic mit CALL* <Ladeadresse> gestartet. Bei der Verwendung eines KC 85/2 mit aktiviertem Basic-Modul kann das Programm nur aus dem Menü unter Angabe der Anfangsadresse des Basic-Textes (2C00H) gestartet werden.
Während der Abarbeitung wird auf ein vorhandenes Basic-Programm getestet, anschließend werden die entsprechenden Zeiger gesetzt.

Thomas Fleischer

```
%DISPLAY  0000 0067
0000   18 0D 7F 7F 48 45 4C 50
0008   01 3A 81 B7 2A 82 B7 F5
0010   DB 88 CB 97 D3 88 F1 FE
0018   01 28 03 21 00 04 E5 FD
0020   E1 11 05 00 19 7E FE 7F
0028   38 35 AF 01 FF BA ED B1
0030   20 2D FD 75 01 FD 74 02
0038   ED B1 20 23 16 02 0B BE
0040   20 F6 23 15 20 F8 FD 75
0048   D7 FD 74 D8 FD 75 D9 FD
0050   74 DA FD 75 DB FD 74 DC
0058   DB 88 CB D7 D3 86 C9 CD
0060   58 00 CD 03 F0 [illegible] [illegible] 00
%
```

Umleitung für SUBMIT noch schneller

Für die zahlreichen Zuschriften und Hinweise zu dem Beitrag von Frank Isekeit in MP 7/89, Seite 205, bedanken wir uns bei allen Lesern. Die darin enthaltenen Lösungen lassen sich im wesentlichen so zusammenfassen: Es ist nicht erforderlich, das Programm SUBMIT zu ändern; mit den folgenden Kommandos wird auch die Umschaltung auf die RAM-Disk erreicht:

```
PIP E: = A:PIP.CMD
E:PIP E: = A:$$$$$.SUB
E:
ERA A:$$$$$.SUB
...
```

Besonderer Dank gilt Herrn Kämpfe aus Markkleeberg, Herrn Wölffer aus Erfurt, Herrn Schmidt aus Bitterfeld und Herrn Böhm aus Karl-Marx-Stadt.

Redaktion MP

Textverarbeitung von Datenbanken

Dr. Sylvia Springer, Knut Glockmann

Viele Anwender von dBase II wollen Daten aus dem Datenbanksystem im Textverarbeitungssystem WORDSTAR weiter verarbeiten. In den entsprechenden Programmdokumentationen ist hierzu wenig erklärt oder es fällt schwer, die Erklärungen richtig anzuwenden.
Deshalb sei ein kleines Beispiel zur Demonstration angeführt. Die Datenbank nach Bild 1 enthält einige Probedatensätze einer Personaldatei. Alle Datenfelder sind vom Typ C, die Länge der Datenfelder ist gleichgültig.
Die Aufgabe könnte darin bestehen, an die Mitglieder der Arbeitsgruppe CAD/CAM Einladungsschreiben zu regelmäßig stattfindenden Arbeitsgruppenberatungen zu senden. Für diese Schreiben werden nur die Datenfelder *Anrede Name Vorname Gruppe* benötigt, da die Einladungen betriebsintern verschickt werden. Zuerst müssen die benötigten Datenfelder der zutreffenden Datensätze in eine Textdatei (EINDAT.TXT) kopiert werden, die dann beim Kombodruck gelesen wird. Hierzu benutzen wir den im Bild 2 gezeigten dBase-Befehl. Die beim Kopieren in eine Textdatei normalerweise anzugebende SDF-Klausel ist bereits in dem Befehl *delimited* enthalten.
Danach wird dBase verlassen. Durch *type EINDAT.TXT* kann man sich vom ordnungsgemäßen Aufbau der Einladungsdatei EINDAT.TXT überzeugen. Die einzelnen Datenfelder sind durch Kommas getrennt, jeder Datensatz wird mit einer Zeilenschaltung abgeschlossen.
Im Beispiel haben wir neben der Anwendung der Bedingungsklausel (for gruppe = 'CAD/CAM') auch die Bereichsklausel (field name, vorname, ..) verwendet. Fehlen diese beiden Klauseln, so werden alle Felder aller Datensätze in eine Textdatei kopiert.
Die angelegte Textdatei wird nun als Datenfile für den Kombo-Druck verwendet. Im Bild 3 ist ein Beispiel eines solchen Kombo-Druck-Textes dargestellt.

Anrede	Name	Vorname	Strasse	Ort	PLZ	Gruppe
Koll.	Werner	Peter	Lindenstrasse 1	Rosendorf	1234	CAD/CAM
Gen.	Meier	Gerd	Kastanienallee 2	Nelkenstadt	2345	Standardisierung
Kolln.	Abel	Rita	Eichenweg 3	Tulpenstadt	3456	CAD/CAM
Kolln.	Bartsch	Rosi	Buchenplatz 4	Liliendorf	4567	Neuererwesen

Bild 1 Beispiel einer dBase II-Datenbank

```
copy to EINDAT.TXT field anrede,name,;
vorname,gruppe for gruppe='CAD/CAM' ;
delimited with ,
```

Bild 2 dBase-Kommando zum Kopieren einer Datenbank in eine Textdatei

```
.df EINDAT.TXT
.rv anrede,name,vorname,gruppe
          Werte(r) &anrede& &name&, &vorname&!

Am &datum& findet um &zeit& Uhr im &ort& unsere nächste Be
ratung der Arbeitsgruppe &gruppe& statt. Wir laden Sie
hiermit ein und erwarten Ihre Teilnahme.

                                   Mit soz. Gruß
                                    gez. Meier
                                  Betriebsdirektor
```

Bild 3 Beispieldatei BEISPIEL.TXT für den Kombo-Druck

Um den Grundtext des Schriftstückes für alle Arbeitsgruppenberatungen verwenden zu können, sollen die Variablen *DATUM, ZEIT* und *ORT* im Dialog eingegeben werden. Diese Angaben sollen jedoch nicht bei jedem Exemplar eingegeben werden. Deshalb arbeiten wir mit einer Rahmendatei (RAHMEN.TXT), in die wir beim Kombo-Druck die Datei *BEISPIEL.TXT* einfügen lassen.
Bild 4 zeigt den Aufbau der Rahmendatei.
Damit sind alle Vorbereitungen getroffen. Die Datei RAHMEN.TXT wird nun mit dem Kommando **M** gedruckt. Nach Anzeige der Kommentarzeile *Einladung zur Arbeitsgruppenberatung* werden die über die **.av**-Kommandos vereinbarten Variablen einmal im Dialog eingegeben. Mit dem Kommando **.fi** wird die Datei BEISPIEL.TXT eingefügt, die wiederum aus der Datei EINDAT.TXT die Variablen für die Personen holt. Es werden so viele Schriftstücke gedruckt, wie Datensätze vorhanden sind. Es muß aber auf die exakte Zuordnung der Anzahl und der Reihenfolge der Datenfelder und der zu lesenden Variablen geachtet werden, da sonst die Anordnung der Variablen im Text durcheinander kommt. Soll jedes Schriftstück auf ein neues Blatt gedruckt werden, schließt man die Datei mit dem Kommando **.pa** ab.
Die letzte Zeile der Datei BEISPIEL.TXT muß auf jeden Fall mit einem harten Zeilenende (CR) abgeschlossen werden. Wird dies vergessen, beginnt der Drucker das zweite und die folgenden Exemplare fehlerhaft (meist mit Punkt-Kommandos).
In unserem Beispiel müssen sich alle Dateien auf dem Vorranglaufwerk befinden. Wollen Sie mit mehreren Laufwerken arbeiten, so muß die Laufwerksbezeichnung vor den Dateinamen bei den Kommandos **.fi** und **.df** angegeben werden (z. B. .fi B:EINDAT.TXT). Wir hoffen, daß wir Ihnen mit diesem kleinen Beispiel helfen, Ihre Datenbanken auch für die Textverarbeitung nutzen zu können.

```
.os Einladung zur Arbeitsgruppenberatung
.av 'Bitte Datum eingeben : ',datum
.av 'Bitte Uhrzeit eingeben : ',zeit
.av 'Bitte Ort eingeben : ',ort
.fi BEISPIEL.TXT
```

Bild 4 Rahmendatei RAHMEN.TXT zum Druck von Einladungen

✉ KONTAKT ☎

Technische Universität „Otto von Guericke", CAD/CAM-Zentrum, Boleslaw-Bierut-Platz 5, Magdeburg, 3032; Tel. Magdeburg 59 29 97, Dr. Springer

Kleines Lexikon der Mikrorechentechnik

Q
wie Quittung

R
wie Rotationsbefehl

Buchung: Buchungen auf Sachkonten und Untersachkonten können vorgenommen werden.
Protokoll: Das während jeder Buchung mitgeführte Protokoll kann angezeigt oder ausgedruckt werden.
Stammdaten: Neuaufnahme, Änderung und Löschen von Sachkontenklassen, Sachkontengruppen, Sachkonten und Untersachkonten.
Kontoliste: Anzeige aller Sachkonten und Untersachkonten mit Kontostand und Datum der letzten Änderung; Anzeige der Gesamteinnahmen und Gesamtausgaben; Druck einer Kontoübersicht mit staatlicher Auflage, Kontostand, prozentuale Kontoauslastung, Datum der letzten Änderung, Gruppensummen und Gesamtsummen; Druck Haushaltsplan mit frei installierbarem Listenkopf, Datum, Arbeitszeitfonds, Kontenübersicht, Erfüllung der Einnahmen/Ausgaben nach Arbeitszeitfonds.
RESET: Rücksetzen der Kontostände und der staatlichen Auflage aller Konten auf den Wert null.
Der Kontomanager wurde in Turbo-Pascal 4.0 programmiert und ist auf 16-Bit-PCs (A 7150, kompatible) mit den Betriebssystemen MS-DOS oder DCP lauffähig.

Hauptauftraggeber komplexer Wohnungsbau Berlin-Pankow, Bereich Information/Applikation, Thulestraße 1, Berlin, 1100; Tel. 4 70 01 13, App. 56 oder 4 72 80 80

Großmann

AMBA jetzt auch auf PCs

Das Bildverarbeitungssystem AMBA steht jetzt zur Nachnutzung unter den Betriebssystemen SCP 1700 und DCP 3.20 zur Verfügung. Für folgende Hardware-Konfigurationen stehen Lösungen bereit:
– A 7100 (SCP 1700) – grafikfähig (4 Grauwerte)
– A 7150 (DCP 3.20) – grafikfähig (8 Grauwerte)
– EC 1834 mit EIP-Karte und Robotron-Grafik
K 7067.15 (Mini-BVS).
Die im Rahmen einer praxisrelevanten Bildverarbeitung wichtige Bildeingabe ist für die PCs A 7100 und A 7150 prinzipiell realisierbar.

Friedrich-Schiller-Universität Jena, Sektion Technologie für den wissenschaftlichen Gerätebau, WB Digitale Bildverarbeitung, Ernst-Thälmann-Ring 32, Jena, 6900

Prof. Dr. Voß

Bestands- und Prüffristenüberwachung von Meßmitteln

Das Programmpaket **LMM** dient zur Rationalisierung der notwendigen Buchungsarbeiten bei der Ausleihe von Meßmitteln sowie zu deren Bestands- und Prüffristenüberwachung in der Meßmittelausgabe von Maschinenbaubetrieben. Es ist menügeführt und erfordert vom Benutzer keine Programmier- und Rechnerkenntnisse. Als erforderliche Hardware können alle Computer verwendet werden, die das Betriebssystem SCP oder CP/K und die Programmiersprache dBase II verarbeiten.

Das Datenbanksystem basiert auf den beiden Stammdaten Meßbereichszuordnung (jedem Meßbereich einer bestimmten Meßmittelart ist eine 3stellige Nummer zugeordnet) und Meßmittelnutzer (Name, Abteilung und 4stellige Nutzernummer). Diese Daten werden bei der Buchung vom Rechner gemeinsam mit der zusätzlich einzugebenden spezifischen Meßmittelnummer und seiner Prüffrist automatisch gekoppelt und in nach Fachgebieten getrennten Arbeitsdateien gespeichert. Mit solchen Arbeitsdateien können anzeigende Meßmittel (Fachgebiet Länge), Maßverkörperungen (Länge), Manometer, Waagen und Gewichte sowie Meßmittel weiterer Fachgebiete in ihrem Bestand und bezüglich ihrer Prüffrist leicht überwacht werden. Zur Dateneingabe in den Rechner sind jeweils nur wenige Ziffern erforderlich. Die Möglichkeiten zur buchungstechnischen Änderung der Prüffrist und des Nutzers eines Meßmittels sind gegeben. Ebenfalls lassen sich alle Meßmittel, die ein bestimmter Kollege des Betriebes nutzt, oder welche dieselbe Prüffrist haben, auflisten. Außerdem sind Mahnschreiben an Abteilungen, in denen die Prüffrist der Meßmittel nicht eingehalten wird, im Programm mit enthalten

VEB Kühlautomat Berlin, Abteilung TBM, Segelfliegerdamm 1–45, Berlin, 1197; Tel. 6 34 36 26 (Dr. Rosahl)

Reh

MC 80 mit LAN-Anschluß

Nachteil beim Einsatz des MC 80 ist das Fehlen moderner und schneller Massenspeicher. Deshalb wurde eine Lösung geschaffen, die Ressourcen anderer verfügbarer Rechner für diese Aufgabe zu nutzen. Als Verbindungsmöglichkeit wurde das SCOM-LAN genutzt. Mit der NANOS-NIU-Baugruppe im MC 80 ergeben sich die Verbindungsmöglichkeiten zum A 5120, PC 1715, EC 1834 usw., wenn diese Rechner auch einen SCOM-LAN-Modul enthalten. Übertragen werden 150 kBit/s. Falls für die SCOM-NIU im MC 80 kein Platz mehr frei ist, kann die Drucker-/IFSS-Karte durch die NANOS-LAN-/IFSS-Karte ersetzt werden. Weitere Voraussetzung ist, daß durch die RAM-Karten keine Waits erzeugt werden. Das vollständige Netzprogramm benutzt denselben RAM-Bereich, den sonst das Kassettenbetriebssystem belegt. Es bietet folgende Funktionen:
– Laden einer Programmdatei
– Laden einer Overlay-Datei
– Retten eines Programm-, Overlay-, Menü- oder Datenbereiches
– Ausführen des zuletzt geladenen Programms
– serielle Ausgabe von Daten bis zum Auftreten eines EOT (nutzbar für Bildschirm-Hardcopy).
Anpassungen erfolgten bisher für die Geräte LA 32/20 K mit paralleler und mit serieller Tastatur (beide mit K 2521-ZRE). Die Einbindung wird im Hause für die Gerätekonfiguration des MC 80 als Logikanalysator genutzt. Hier können das Logik- bzw. das Zustandsanalyseprogrammsystems mit den erarbeiteten Menüs geladen und Meßergebnisse in Form von Hardcopy des Bildschirms auf dem CP/M-Rechner ausgedruckt oder abgelegt werden.

Ingenieurhochschule für Seefahrt Warnemünde/Wustrow, Direktorat Wissenschaftlicher Gerätebau (Kollege Schefe), Richard-Wagner-Straße, Rostock-Warnemünde, 2530

Prof. Dr. Mennenga

3D-Grafik Für KC 85/3 und KC 85/4

Das Programmsystem 3D-Simulation für den KC 85/3 (siehe MP 11/1988, Seite 328) wurde hinsichtlich verarbeitbarer Datenmenge, Programmierbarkeit von Bewegungssequenzen sowie um einen komplexen Grafikeditor erweitert und für den KC 85/4 angepaßt.
– Eine Datenbankverwaltung erlaubt die verlustlose Transformation von ca. 2000 Raumpunkten pro 32-KByte-Speicherebene (bis zu 9 Ebenen gleichzeitig) oder eine parallele Textverarbeitung bzw. Basic- oder Assemblerprogrammierung.
– Für Animationen können zusätzlich zu den geradlinigen Sequenzen freie Wege für eine Betrachterbewegung im Modellraum vorprogrammiert werden.
– Ein Editor zur grafischen Bearbeitung der entwickelten 2D- oder 3D-Bilder umfaßt u. a. Linien-, Kreis-, Polygongenerierung, Flächenfüll-, Flächenschraffier-, -löschfunktionen, Sprite-, Fenster- und Vollbildverknüpfungen, Inversdarstellung, Text, Bearbeiten, Abspeichern und Laden von Ganzbildschirmgrafiken.
– Eine hochauflösende Bildgenerierung, Grafikaufbereitung und -ausgabe (bis zu 700 × 512 Pixel) erlaubt das Anfertigen von ganzseitigen Illustrationen.
– Die Handhabbarkeit des Systems wurde u. a. durch erhöhte Verarbeitungs- und Darstellungsgeschwindigkeit, erweiterte Modellgenerierung und -manipulation, Pulldown-Menüs, variable Fadenkreuz-, Gummilinien-, Gummikreis- und -fensterfunktionen verbessert.
– Die Dateien der Vorgängerversion sind übertragbar.
Fragen zum System 3D-Grafik bitte an A. Thierbach, Kräuterweg 2d, Frankfurt/Oder, 1200. Bezugsmöglichkeit besteht über:

VEB Datenverarbeitungszentrum Frankfurt/Oder, Abteilung Absatz, Faberstraße 1, Frankfurt/Oder, 1200

Thierbach

Grafiksystem FIGRA 3.0.

In der Mikroprozessortechnik Heft 2/88, S. 56, wurde das Grafiksystem FIGRA unter dem Betriebssystem SCP für verschiedene 8-Bit-Rechner vorgestellt. Nach einer gründlichen Überarbeitung und Erweiterung liegt jetzt die Version 3.0. von FIGRA für 8- und 16-Bit-Technik vor.
Das Anliegen von FIGRA besteht darin, dem Nutzer für die zwei- und dreidimensionale Darstellung von wissenschaftlich-technischen Ergebnissen und Zusammenhängen geeignete Prozeduren zur Verfügung zu stellen, die einfach in ihrer Handhabung sind. Dabei erfolgt eine Arbeit mit den originalen Nutzerkoordinaten, da das System automatisch eine Transformation auf ein anzugebendes Pixelraster übernimmt. FIGRA 3.0. wurde auf folgender Gerätetechnik implementiert:

1. BC A 5120 (K 1520) mit CGD-Farbgrafiksteckeinheit (ORZ Karl-Marx-Stadt) mit 256 × 256 Pixeln in 16 Farben
2. PC 1715/A 5120/A 7100 und grafikfähiger Drucker mit beliebigem Pixelraster in 2 Farben
3. A 7100 mit 640 × 400 Pixeln in 4 Helligkeitsstufen
4. A 7150 mit 640 × 480 Pixeln in 8 Farben bzw. Helligkeitsstufen
5. EC 1834/A 7150 mit 320 × 200 Pixeln in 4 Farben oder 640 × 200 Pixeln in 2 Farben
6. XT- und AT-kompatible Technik mit den Grafikkarten CGA. MCGA, EGA, VGA oder Hercules.

Die Programmierung erfolgte für 1–3 unter Turbo-Pascal 3.x und für 4–6 unter Turbo-Pascal 5.0. Durch FIGRA 3.0. werden u. a. folgende Prozeduren bereitgestellt: Festlegen des Darstellungsfeldes und des Nutzerkoordinatenbereiches, Textdarstellung in verschiedenen Größen und Richtungen, Bewegen absolut und relativ zu einem Koordinatenpunkt im Nutzerbereich, Festlegen der aktuellen Zeichenfarbe, Füllen und Umranden von Teilen des Darstellungsfeldes und von Nutzerbereichen, Hardcopy des Darstellungsfeldes, Zeichnen und Beschriften von Achsen, Darstellung von Marken, Zeichnen von Polylinien, verschiedene Prozeduren zur dreidimensionalen Darstellung mit und ohne verdeckte Linien.

Forschungsinstitut für Textiltechnologie Karl-Marx-Stadt, Abt. PM, PSF 243, Karl-Marx-Stadt, 9010; Tel. 5 70 94 36 oder 435

Dr. Gebhardt

Wir suchen ...

... eine Möglichkeit, die Schreibmaschine S 6001 als Drucker für den KC 85/3 nutzen zu können.
Berufsschule „Thomas Müntzer", Karl-Liebknecht-Straße, Blankenhain, 5304; Tel. 22 69

Heyner

... ein Computerprogramm – lauffähig auf A 7100 (unter SCP) zur Nutzensermittlung für Neuerungen speziell im Bauwesen, aber nicht Bedingung.

VEB Bau Grimmen, Produktionsbereich Berlin, Koll. Seidel, Rigaer Straße 27, Berlin, 1035

Scheufler/Seidel

... nach einer technischen Lösung (Treiber) für das Betreiben eines Digitalisiertabletts K 6405 an einem Schneider-PC 1512/1640 zur rechnergestützten Entwurfsarbeit mit dem Grafikprogrammpaket CADdy.

VEB Kombinat Rationalisierung Suhl, Stammbetrieb, Industriegelände, PSF 403, Abt. ITZ, Suhl, 6019; Tel. 47 82/ App. 38

Peter

Entwicklungen und Tendenzen

Intels 80960-Familie wächst

Bereits im Frühjahr 1988 kündigte Intel die ersten 32-Bit-Einchipmikrorechner an: die Familie 80960 und den 80376. Letzterer ist ein aus dem 80386 entwickelter Controller, der etwa dreimal so leistungsstark wie der 16-Bit-Controller 80186 ist und der speziell auf die Belange der Computerperipherie, der Nachrichtentechnik und der Datenkommunikation zugeschnitten ist. Die Architektur des 80960 mit seinen rund 350000 Transistoren dagegen ist das Basiskonzept für eine Vielzahl künftiger hochspezialisierter Controller-Varianten. Vorrangige Einsatzbereiche können die Bildverarbeitung, Protokoll-Handling und Motorsteuerungen sein. Durch die Anwendung von RISC- und Parallelverarbeitungsmethoden konnte ein Leistungsniveau erzielt werden, das weit über dem herkömmlicher Mikroprozessoren liegt. Die ersten Typen waren der 80960 KA, der 80960 KB und der 80960 MC. Der KB ist ein vollständiges Single-Chip-CPU-Subsystem mit einer Rechnerleistung von 7 bis 10 MIPS bei einer Taktfrequenz von 20 MHz. Zu seinen Besonderheiten gehören Boolesche Befehle, Bitbefehle, Selbsttest- und Debug-Funktionen. Er enthält einen 512-Byte-Befehlscache, einen Registercache, einen 32-Bit-Multiplex-Burstbus und einen Interruptcontroller mit 256 Vektoren und 32 Prioritätsebenen. Der KA ist ein KB ohne Gleitkommaarithmetik. Der MC bietet unter anderem zusätzlich ein Speichermanagement mit Paging, String-Befehle und zusammen mit dem 82965 die Unterstützung von drei verschiedenen Fehlertoleranzstufen.

Ende vorigen Jahres kündigte Intel nun die Versionen XA und CA des 80960 an. Der XA (Extended Architecture) ermöglicht mit Hilfe eines 33. Bits (Tag-Bit) sowohl Objektadressierung als auch -schutz durch das Betriebssystem. Der CA dagegen soll pro Taktzyklus gleich zwei bis drei Maschinenbefehle abarbeiten können; typisch für RISC-Systeme war bisher, daß pro Taktzyklus ein Maschinenbefehl abgearbeitet wird. Damit soll er eine maximale Leistung von 66 MIPS ermöglichen. Die Familie 80960 werden wir zu einem späteren Zeitpunkt ausführlicher vorstellen (siehe auch MP 8/1989, Seite 251).

MP

Neu von Compaq: LTE und LTE/286

Auf dem Weg zu immer leistungsfähigeren transportablen Personalcomputern (PCs) schreitet auch die Firma Compaq zügig voran. Nach der Vorstellung ihres ersten battariebetriebenen PCs, des SLT/286, im Oktober 1988 stellte sie vor drei Monaten als Ergänzung zwei weitere Modelle vor. Sie unterscheiden sich zwar kaum äußerlich, jedoch besitzt der LTE/286 gegenüber dem LTE nicht nur einen leistungsfähigeren Prozessor (LTE: Intel 80C86 mit 4,77 bzw. 9,54 MHz, LTE/286: Intel 80C286 mit 8 bzw. 12 MHz, sondern auch umfangreichere Speicherkapazitäten sowie einen Sockel für den mathematischen Koprozessor 80C287. Die LTEs werden von Compaq als die ersten Computer im Notizblockformat (allerdings mit $27{,}9 \times 21{,}6\,cm^2$ Grundfläche) mit dem vollen Funktionsumfang eines PCs bezeichnet.

So sollen trotz der niedrigen Bauhöhe von 4,8 cm keine Abstriche bezüglich der grundlegenden Bestandteile und der Funktionalität eines standardmäßigen PCs bestehen. Die Merkmale sind: ein 40- oder 20-Megabyte-Festplattenlaufwerk mit einer Bauhöhe von nur 1,9 cm, mit einer mittleren Zugriffszeit von unter 29 ms und einem Interleave-Faktor von 1 : 1, ein ebenfalls nur 1,9 cm hohes 3,5-Zoll-Diskettenlaufwerk, das den Einsatz von Standard-Software und den Datenaustausch mit anderen PCs ermöglicht; eine 1,25 cm hohe Tastatur mit 81 Tasten, die kompatibel zu Anwendungen ist, die für Tastaturen mit 101 Tasten geschrieben wurden; und schließlich ein nur 0,64 cm dünner, CGA-kompatibler Elektrolumineszenz-Bildschirm mit einer Auflösung von 640 × 200 Punkten bzw. 25 Zeilen zu 80 Zeichen. Der 640-KByte-RAM der 2,8 kg schweren PCs läßt sich auf 1 MByte (LTE) bzw. 2,6 MByte (LTE/286) erweitern. Im Lieferumfang ist der Compaq Expanded Memory Manager (CEMMP) enthalten, der die LIM/EMS-Spezifikation 4.0 und damit den Zugriff auf den RAM-Bereich über 640 KByte unterstützt.

Mit dem standardmäßigen NiCd-Akkublock werden etwa 3,5 Stunden Betriebsdauer erreicht.

MP

Mac IIci: Apples neues Flaggschiff

Gleichzeitig mit ihrem ersten Macintosh-Laptop, über den wir demnächst berichten werden, stellte die Firma Apple im September vergangenen Jahres das neue Flaggschiff der Macintosh-Familie vor. Der **Macintosh IIci** gleicht im Aufbau dem Mac IIcx, besitzt jedoch statt des Prozessors Motorola 68030 mit 16 MHz die Version mit 25 MHz. Die gegenüber dem cx mit 45 Prozent angegebene Leistungssteigerung des ci (c steht für compact, i für increased performance – gesteigerte Leistung) beruht jedoch nicht nur auf der höheren Taktfrequenz. Wurden bisher nur 120-Nanosekunden-RAMs verwendet, so erlauben die 80-Nanosekunden-RAMs mit Fast-page-Modus im ci die Burstfill-Betriebsart des Prozessors. Zur Beschleunigung komplexer mathematischer Berechnungen wird bereits standardmäßig der 25-MHz-Koprozessor Motorola 68882 eingesetzt. Wird eine Cache-Zusatzkarte verwendet, läßt sich die Leistung um weitere 20 bis 30 Prozent steigern. Der 1-MByte-Hauptspeicher kann mit 256-KByte-Modulen (SIMMs) auf der Leiterkarte bis zu 8 MByte ausgebaut werden; mit 4-MByte-Modulen wären 32 MByte möglich. Der ROM wurde gegenüber dem cx auf 512 KByte verdoppelt. Erwähnenswert ist auch, daß die Hauptplatine des ci erstmals komplett in SMD-Technik und in 4 Lagen aufgebaut ist. Außerdem soll die Leiterkarte robuster gegenüber Störeinwirkungen sein.

Lange wird der ci jedoch scheinbar nicht das Macintosh-Flaggschiff bleiben, im Gespräch ist bereits der Mac IIcr mit 33-MHz-CPU und sechs 20-MHz-NuBus-Slots, der bis zu viermal schneller werden soll als der Mac IIci.

MP

Commodores neue Amiga-Systemfamilie

Der Amiga 2500/20, als Basisgerät des Commodore-DTP-Paketes seit Mitte 1989 am Markt, ist jetzt als Einzelgerät verfügbar. Dieses Grundsystem bildet die Basis für alle professionellen Anwendungen wie Desktop Publishing (DTP), Desktop-Video, Desktop Presentation und andere Arbeitsgebiete. Amiga-2000-Besitzer können ihre Geräte mit der entsprechenden Commodore-Zusatzkarte problemlos zum leistungsstärkeren 2500er aufrüsten. Der Einstieg ist also auch in Zukunft mit dem preisgünstigen Amiga 2000 möglich; bei steigenden Ansprüchen braucht lediglich die Zusatzkarte nachgekauft und in einen der Slots gesteckt zu werden.

Der 2500/20 arbeitet mit dem 14,2 MHz-Motorola-Prozessor 68020, dem mathematischen Koprozessor 68881 und den Amiga-spezifischen Koprozessoren für Datenverwaltung, Video, Grafik und Ton.

Standardmäßig stehen 3 MByte Arbeitsspeicher und eine Festplatte von 40 MByte mit Autoboot-Controller zur Verfügung. Ein Laufwerk für 3,5-Zoll-Disketten ist eingebaut, ein weiterer freier Geräteschacht für Festplatten oder Diskettenlaufwerke (5,25 oder 3,5 Zoll) ist vorhanden. Bei 3 freien Steckplätzen für Amiga-Karten, 4 PC- bzw. AT-kompatiblen Steckplätzen und einem Video-Slot für PAL-Videokarten oder Genlock wird auch der Anschluß an die MS-DOS-Welt berücksichtigt – wichtig für Anwender, die MS-DOS-Programme und -Daten weiter nutzen wollen. Das Steckplatz- und Bussystem macht aber auch den Ausbau der Amiga-Professional-Familie bis hin zur Workstation möglich. Die beiden Bussysteme des Amiga sind mit einer Brückenkarte miteinander verbunden; dies erlaubt die Datenübergabe zwischen verschiedenen Betriebssystemen unabhängig von den eingesetzten Prozessoren. Dazu kommen die Multitaskingfähigkeiten. Während beispielsweise am Bildschirm Texte bearbeitet werden, können in einer Datenbank parallel dazu bereits die Adressen selektiert werden. Mit der offenen Systemarchitektur und seiner Anpassungsfähigkeit sieht Commodore den Amiga 2500 für die Zukunft gerüstet – gleich, ob der Zug für den Anwender auf das MS-DOS-Gleis oder in UNIX-Richtung fährt.

MP

Workstations von Du Pont

Der Chemiegigant Du Pont steigt nun auch in den Workstationmarkt ein.

Auf der SYSTEMS 89 stellte die Firma eine Unix-Workstation mit einer Leistung von 13 MIPS vor, deren Herz eine VMEbus-Doppel-Europaformatleiterkarte mit dem RISC-Mikroprozessorsatz Clipper 300 ist – bRISC genannt.

MacbRISC heißt dagegen eine NuBus-Leiterkarte, mit der ein Apple Macintosh II zu einer Workstation aufgerüstet werden kann.

Von der Du Pont de Nemours (Deutschland) GmbH wurde zur Productronica 89 die PC-Workstation SeriCAM (s. Bild) vorgestellt, die besonders dem kleineren und mittleren Hersteller gedruckter Schaltungen einen preisgünstigen Einstieg in die digitale Panel-Produktion ermöglichen soll. Gestützt auf 386er Hardware, wie HP-Vectra RS 20 und Compaq-PCs, entwickelt das Unternehmen eine Software, die Daten aller gängigen CAD-Systeme verarbeiten kann. SeriCAM schließt die Lücke zwischen Design und Herstellung gedruckter Schaltungen. Qualitätsverluste, wie sie durch Reproduktionsschritte entstehen können, sind durch die digitale Verarbeitung der Leiterplatten-Layouts praktisch ausgeschlossen. Statt in zeitraubenden manuellen Arbeitsschritten entstehen die Panels und Produktionsdaten elektronisch auf der Workstation. Zum Lieferumfang gehören ferner Programme zur Entwicklung von Test-Coupons und zur automatischen Erstellung der Lötstopmasken. Auch Editierfunktionen zur Korrektur von Fehlern, die ein eingebautes Design-Check-Programm erkennt, unterstützen die Arbeit. Schließlich liefert SeriCAM Daten für NC-gesteuerte Bohr- und Fräsmaschinen, womit die Integration in die automatisierte Fertigung, und damit ein erster Schritt zum computer-integrated manufacturing (CIM), möglich wird. Bei der Gestaltung der Benutzeroberfläche wurde bewußt auf eine einfache Menüsteuerung Wert gelegt, so daß der Bediener nicht über weitreichende Programmierkenntnisse verfügen muß. Der Einsatz von SeriCAM, dem ersten Gerät eines ganzen Systems elektronischer Produktionssysteme von Du Pont, erlaubt vor allem die wirtschaftliche Herstellung von Kleinserien gedruckter Schaltungen bis hinab zur Losgröße 1. Anders als bisherige PC-Systeme arbeitet SeriCAM – nach Ver-

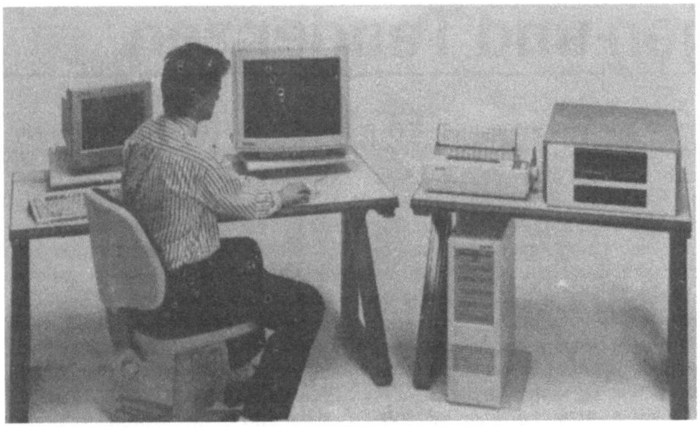

lautbarungen von Du Pont – beispielsweise mit etwa 80 Prozent der Leistung einer Unix-Workstation, die sich durch ihren höheren Preis eher für Großserien bezahlt macht. *MP*

Clipper 5.0

Der Langersehnte ist nun da: der bekannte dBase-Compiler Clipper in einer neuen Version. Wurde die letzte Version von Nantucket noch mit Sommer '87 bezeichnet, so blieb die Kölner Softwarefirma diesem Trend nicht treu, vielleicht mit Herbst '89, sondern paßte sich dem gegenwärtigen Stand an und nannte ihr neues Produkt gleich Version 5.0; ähnlich Ashton-Tate, Borland und Microsoft, die sich ja auch schon in der vierten bzw. fünften Ebene ihrer aktuellen Versionen von dBase, Turbo-Pascal bzw. MS-DOS bewegen. Sind vielleicht nicht nur die Norton Guides, sondern auch die Versionsnummer von einem anderen Software-Haus übernommen, so daß der Preis mit etwa 2700 DM mehr als fünfmal so hoch ist wie der für Turbo-Pascal 5.0? Tatsache ist, daß viele Neuerungen die Clipper-Fans begeistern werden. Um vieles kümmern sich jetzt Compiler und Linker; beispielsweise ist das Programmieren in Overlaytechnik nicht mehr erforderlich. Der speziell für Clipper 5.0 nach neuen Konzepten entwikkelte Linker arbeitet wesentlich schneller, wodurch die Zeiten für die Programmentwicklung deutlich verkürzt werden. Die 640-KByte-Grenze von MS-DOS wurde übersprungen, und eine Clipper-Bibliothek bietet die Möglichkeit der Online-Hilfe in Anwendungsprogrammen, in die auch die Norton Guides bereits integriert sind. Des weiteren ist die Deklaration mehrdimensionaler Felder (Arrays) möglich. Nachdem Nantucket angekündigt hatte, mit neuen Versionen den dBase-Pfad zu verlassen und auf eigenen Wegen zu clippern, müssen aber Tests nachweisen, inwieweit auch weiterhin Daten und Programme von dBase bzw. der Version Sommer '87 verwendet werden können. *MP*

Neue Möglichkeiten für Flüssigkristall-Anzeigen

Ferroelektrische Flüssigkristall-Anzeigen könnten aufgrund ihrer Schaltzeiten unter 10 Mikrosekunden, ihrer hohen spontanen Polarisation und des bistabilen Verhaltens der Flüssigkristalle im spannungslosen Zustand die geeignete Technologie der neuen Generation sein. Damit könnten Flüssigkristall-Anzeigen auch für die Darstellung bewegter, hochauflösender Bilder eingesetzt werden.
Obwohl die Eignung der ferroelektrischen Flüssigkristall-Anzeigen nachgewiesen wurde, sind bis zu ihrer industriellen Anwendung noch fertigungstechnische Schwierigkeiten zu überwinden. Sie liegen in der geeigneten Behandlung der Kristalloberflächen. Die sogenannten snektischen Schichten müssen senkrecht zu den transparenten Elektroden der Flüssigkristall-Zellen ausgerichtet sein, und die Flüssigkristall-Schichten dürfen nur ein bis zwei Mikrometer dick sein, damit störende Materialeffekte der Kristalle unterdrückt werden können.

Quelle: Blick durch die Wirtschaft vom 11. 8. 1989 *Wi*

Platinenreinigung ohne FCKW

Die japanischen Firmen Mitsubishi und Tiayo Sanso haben eine besonders für den industriellen Einsatz geeignete Reinigungsmaschine entwikkelt, die ohne umweltbelastende Flourchlorkohlenwasserstoffe auskommen soll.
Während des Reinigungsvorganges werden Fremdpartikel bis zu 0,1 μm durch einen Eisfilm gebunden, der, einschließlich der Partikel, mit flüssigem Stickstoff entfernt wird.
Diese Maschine ist für den Einsatz in der Halbleiter- und Platinenfertigung vorgesehen und soll Anfang 1990 auf den Markt kommen.

Quelle: Elektronik. – München 38 (1989) 14. – S. 7 *Fa*

Joint-Venture für PC-Produktion

Wie die PC-Woche in ihrer Ausgabe 41/89 berichtet, haben die sowjetische Wissenschafts- und Produktionsvereinigung Sojusutschpribor und die US-amerikanische Phoenix Group International ein gemischtes Unternehmen zur Fertigung von Personalcomputern in der UdSSR gegründet. Das **Samcon** genannte Unternehmen soll bereits 1990 11000 Einheiten für sowjetische Schulen und Hochschulen herstellen; bis 1995 ist die schrittweise Produktionssteigerung auf bis zu 150000 Einheiten geplant. *MP*

Einschätzung zur Entwicklung neuraler Netze

Obwohl bereits sehr viel über neurale Computer veröffentlicht wird, sind praktische Lösungen bisher nur in geringem Umfang verfügbar. Neurale Computer sollen nicht nur schneller arbeiten, sie sollen auch lernen können. Gegenwärtig werden nur Geräte angeboten, die einfache Formen erkennen können. Die Firma SRI International rechnet damit, daß im Jahre 1992 Kontrollsysteme für Roboter und Worterkennungssysteme verfügbar sein werden. „Sehen" könnten Maschinen bis 1993 gelernt haben. Mit der Verfügbarkeit optischer Speicher, schneller Gallium-Arsenid-Chips und optischer Chips im Zeitraum 1994/1995 sind komplexe Anwendungen möglich. Bis zum Jahre 1999 soll der Umsatz lernender Systeme im Vergleich zum gegenwärtigen Stand um das Vierfache anwachsen.

Quelle: Handelsblatt vom 15. 8. 1989 *Wi*

Hochintegrierte Logikchips

Hochintegrierte Chips, die bis zu 800000 CMOS-Transistoren und bis zu 60000 aktive logische Schaltkreise enthalten, wurden im IBM-Labor in Böblingen entwickelt. Diese Chips, die nur $12{,}7 \times 12{,}7\,mm^2$ groß sind, werden bereits in den neuen Modellen der IBM-Rechnerfamilie ES/9370 eingesetzt. Die Schaltkreismuster auf diesen Chips haben eine Breite von nur einem tausendstel Millimeter. Die Systemlogik und die Speichermakros wurden mit Hilfe einer Schaltkreis-Bibliothek (logische Grundschaltkreise) erzeugt. Trotz der höheren Integration wird bei den neuen Chips eine geringere elektrische Verlustleistung frei als bei den herkömmlichen Chips. Die gesamte Architektur des Systems 9370 kann aufgrund dieser dicht bepackten Logikchips nicht, wie bisher, auf vier Prozessorkarten, sondern auf einer einzigen angeordnet werden. Auf dieser Prozessorkarte sind sieben neue Chips untergebracht: ein 32-Bit-Mikroprozessor, ein Cache-Controller, ein Hauptspeicher-Controller, zwei Gleitkomma-Koprozessoren, ein Taktgeber-Chip und ein Bus-Adapter-Chip.

Quelle: Neue Zürcher Zeitung vom 31. 5. 1989 *Fa*

Nickel-Hydrid-Akkumulatoren

Neben mehreren Forschungsinstituten arbeiten auch Batteriehersteller in den USA, in Japan und in Westeuropa an der Entwicklung von Kleinakkumulatoren, speziell an der Entwicklung einer Nickel-Hydrid-Zelle.
Während der chemische Prozeß seit langem bekannt ist, gab es mit der praktischen Realisierung bisher Probleme. Ältere Versuchsmuster wiesen eine viel zu kurze Lebensdauer auf. Das Anodenmetall dehnte sich bei der Absorption des Wasserstoffs aus und zog sich bei der Abgabe wieder zusammen. Dadurch versprödete es und zerkrümelte.
An der Tokai-Universität in Japan wurde das Metall (Legierung aus Lanthan, Nickel und Aluminium) als Pulver in einen Träger aus einem Silikon-Polymer eingebettet und zu einer etwa 0,3 mm dicken Folie ausgewalzt. Damit aufgebaute Zellen hielten 1000 Lade-Entlade-Zyklen stand. Die Energiedichte erreichte etwa den doppelten Wert des Ni/Cd-Akkus.
Eine ähnliche Zelle entwickelten die Firmen Varta und Ovonic. Die Zylinderzelle ist 49 mm hoch und hat einen Durchmesser von 26 mm. Sie liefert eine Spannung von 1,3 V, weist eine Nennkapazität von 3 Ah auf (Entladung mit 0,2 CA bis 1 V) und gestattet Hochstromentnahme bis zu 5 CA. Sie ist innerhalb einer Stunde schnelladbar und bei Ladung mit 0,1 CA überladesicher. Am Ende der Entladung tritt kein plötzlicher Spannungseinbruch auf. Nach 1000 Lade-Entlade-Zyklen ist die Kapazität erst auf 60 % des Nennwertes abgesunken.
Auch die französische Firma SAFT arbeitet an der Entwicklung einer Nikkel-Hydrid-Zelle. Es wurden bereits Versuchsmuster für die Energieversorgung und für Kommunikationssatelliten und Orbitalstationen der ESA (European Space Agency) geprüft und für gut befunden.
Die Nickel-Hydrid-Zelle befindet sich noch im Teststadium. In den kommenden Jahren sollen Muster den Geräteherstellern zu Versuchszwekken zur Verfügung gestellt werden. Die Einführung für den Endverbraucher wird im Laufe der 90er Jahre erwartet.

Quelle: Elektronik. – München 38 (1989) 14. – S. 28 *Fa*

Chip für die Bildeinblendung in Fernsehgeräten

Das Einblenden eines verkleinerten Bildes in ein Fernsehbild ist schon seit einigen Jahren bekannt. Es konnte sich jedoch aufgrund der hohen Kosten bei der analogen Bilddarstellung nicht durchsetzen. Besonders der notwendige digitale Bildspeicher und der Digital-Analog-Wandler verursachten einen hohen Schaltungsaufwand.
Die Siemens AG hat einen Chip entwickelt, der alle erforderlichen Einheiten, wie Bildspeicher, Wandler und Signalprozessor, enthält. Dieser Chip erlaubt die Verkleinerung des Bildes und die Synchronisation mit dem Hauptbild. Der Chip ist so konzipiert, daß er sich an die gerätespezifische Geometrie und an die verschiedenen Fernsehstandards (NTSC, PAL, Secam) anpassen läßt. Die Möglichkeiten der neuen Fernsehgeneration, die mit Bildfrequenzen von 100 Hz arbeitet, wurde bei der Entwicklung berücksichtigt. Der Bild-im-Bild-Prozessor kann sowohl in digitaler, gemischt analog/digitaler und analoger Schaltungsumgebung betrieben werden. Auf dem Chip wurden rund 350000 Transistoren integriert. Über 40 Prozent der Entwicklungskosten entfielen auf die Softwareentwicklung für den Schaltkreisentwurf und deren Simulation. Die westeuropäischen und die japanischen Fernsehgerätehersteller haben bereits Geräte mit dem neuen Chip im Angebot.

Quelle: Blick durch die Wirtschaft vom 17. 7. 1989 *Wi*

Industriestandard-PCs von DEC

Das Einstiegsmodell der DECstation-PC-Serie, DECstation 200, basierend auf dem 16-Bit-Prozessor Intel 80286

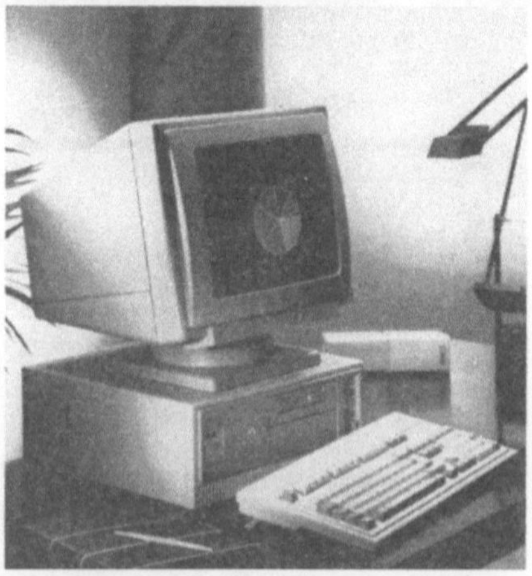

Den mittleren Leistungsbereich mit rechenintensiven Anwendungen deckt die DECstation 300 mit dem 16/32-Bit-Prozessor Intel 80386SX ab

Die DECstation 350 als Spitzenmodell der DECstation-PC-Familie verfügt über den mit 20 MHz getakteten 32-Bit-Mikroprozessor Intel 80386

Die im ersten Halbjahr für den USA-Markt angekündigten Industriestandard-PCs von Digital Equipment Corporation (DEC) (siehe MP 10/89) werden nun seit September 1989 auch auf dem europäischen Markt angeboten. Die Personalcomputer DECstation 200, 300 und 350 basieren auf den Mikroprozessoren Intel 80286, 80386SX bzw. 80386 und sind zum Industriestandard, der durch die IBM-PCs geprägt wurde, kompatibel.
Die DECstations sind standardmäßig mit dem VGA-Bildschirmadapter (Video Graphics Array) ausgerüstet, der eine Auflösung von 640 × 480 Pixel gewährleistet. Es steht ein monochromatischer Monitor (12″, 64 Graustufen) oder ein Farbmonitor (14″, 256 Farben aus 262144 Farben) zur Verfügung. Die Bildschirmwiederholrate beträgt 70 Hz.
Die grundsätzlichen Eigenschaften und Parameter der drei DECstations sind aus nebenstehender Tabelle ersichtlich. Darüber hinaus stehen noch eine Reihe von Systemerweiterungen wie Arithmetik-Coprozessoren, Hauptspeichererweiterungen, Magnetbandsubsysteme, eine breite Palette serieller und paralleler Tischdrucker sowie die Ethernet-Steuereinheit DEPCA zur Verfügung, über die auch eine Maus mit zwei Knöpfen bedient wird. Durch den Ethernet-Anschluß können die DECstations in PC-Netze (PCLAN)auf der Grundlage der Personal Computing Systems Architecture (PCSA) integriert werden.
Als Server können hier die bewährten VAX- und RISC-basierenden Workstations, Mehrbenutzer- und Serversysteme wie DECstation 5400, DECstation 5810/5820, VAXsystem 3300/3400, VAXsystem 3800/3900 oder Anlagen der VAX-6000-Serie verwendet werden.
Auf den DECstation-PCs laufen alle heute verfügbaren MS-DOS-Anwendungen. Außerdem sind sie offen für bereits erhältliche und zukünftige Anwendungssoftware unter den Betriebssystemen MS-OS/2, Unix, Xenix und anderen. Für das MS-DOS wird die DECnet/OSI-Software angeboten. Für UNIX-kompatible Betriebssysteme steht auch TCP/IP zur Verfügung.
Alle Modelle werden mit zwölfmonatiger Gewährleistung ausgeliefert, der sich ein umfassendes Angebot an Serviceleistungen von DEC anschließt. Der Vertrieb der neuen PCs erfolgt vorrangig durch autorisierte Distributoren, wie z. B. ELECTRONIC 2000.

Prof. Dr. Th. Horn

	DECstation 200		DECstation 300	DECstation 350
Mikroprozessor	Intel 80286		Intel 80386SX	Intel 80386
Taktfrequenz	8 MHz		16 MHz	20 MHz
Bussystem	16-Bit-Standard-Bus		16-Bit-Standard-Bus	32-Bit-Bus
Hauptspeicher				
Standard	1 MByte		2 MByte	2 MByte
Maximal	16 MByte		14 MByte	14 MByte
Ethernetanschluß	optional		optional	optional
Diskettenlaufwerke				
3 1/2″ (1,44 MByte)	2	1	1	1
5 1/4″ (1,2 MByte)	–	–	(1)	(1)
Winchesterlaufwerke				
20 MByte	–	1	–	–
40 MByte	(1)	–	1	–
80 MByte	–	–	–	1
Grafik	VGA		VGA	VGA
Auflösung (in Pixel)	640 × 480		640 × 480	640 × 480
Bildschirm	12″ monochrom oder 14″ color		12″ monochrom oder 14″ color	12″ monochrom oder 14″ color
freie XT/AT-Steckplätze	3		5	4
Preis	ab 6 300 DM		ab 9 900 DM	ab 16 100 DM

TERMINE

Fachtagung „Information – Kommunikation – Innovation“

WER? Bezirksvorstand Berlin der KDT, AG(B) Information/Dokumentation
WANN? 23. und 24. Mai 1990
WO? Berlin
WAS?
- Austausch von Angeboten und Erfahrungen zur optimalen Informationsversorgung
- Informations- und Kommunikationstechnologien zur Produkt- und Verfahrensinnovation
- Softwarelösungen und Informationstechnik zur Sicherung eines hohen Informationsstandes von Endnutzern

WIE? Bitte Veranstaltungsprogramm und Teilnahmemeldungen anfordern bei der Kammer der Technik, Bezirksvorstand Berlin, Bereich Wissenschaft und Technik, Kolln. Juchert, Kronenstraße 18, Berlin, 1080; Tel. 2 00 09 66, App. 75

Dr. Lange

ISSN 0232-2892
Mikroprozessortechnik, Berlin 4 (1990) 1
S. 1–32

vorgestellt

Atari PC 4

Fotos: Becker

Erst in den letzten Jahren hielt Atari mit seiner PC-Linie Einzug in die Welt der MS-DOS-Rechner. Atari ging damit in die Offensive: Man wollte auch in dieser Rechner-Kategorie die Philosophie einer preiswerten Spitzentechnologie etablieren. Die Resonanz am Markt lag auch prompt über den zunächst vorsichtigen Einschätzungen des Entwicklers. Nach diesem Start stellte das Unternehmen im vergangenen Jahr den PC 4 vor. Er ist voll AT-kompatibel und basiert auf einem Intel-80286-Mikroprozessor, der softwaremäßig von acht Megahertz auf zwölf Megahertz Taktfrequenz umgeschaltet werden kann. Bei allen Taktfrequenzen arbeitet die CPU ohne Wartezyklen (Waitstates). (Eine 16-MHz-Version ist übrigens geplant.)

Der PC 4 verfügt über einen Sockel für die Aufnahme eines arithmetischen Koprozessors 80287 und ermöglicht so die Unterstützung des Zentralprozessors im Bedarfsfall.

In seiner Grundkonfiguration ist der PC 4 mit 1 MByte RAM ausgestattet, der sich auf dem Motherboard mittels SIMMs bis zu 8 MByte aufrüsten läßt. Für diesen vollen Ausbau sind allerdings Megabytemodule Voraussetzung; mit 256-KByte-Modulen sind 5 MByte möglich. Der ROM beträgt 96 KByte.

Hinsichtlich der Massenspeicher stehen verschiedene Varianten zur Auswahl. Allen gemeinsam ist ein Diskettenlaufwerk – entweder ein 5,25-Zoll-Modell mit 1,2 MByte oder ein 3,5-Zoll-Modell mit 1,44 MByte. Als weiteres Laufwerk kann zwischen einer im allgemeinen üblichen Harddisk mit 60 MByte und einer 44 MByte fassenden Wechselfestplatte gewählt werden. Das von der Firma Syquest produzierte Wechselplattenlaufwerk im 5,25-Zoll-Slimlineformat arbeitet mit Wechselplatten, die in einem stabilen Plastgehäuse untergebracht sind (Cartridges) und sich damit wie Disketten handhaben lassen (siehe unteres Bild). Sie vereinen damit den Vorzug der Wechsel- und Sammelmöglichkeit der Disketten mit der bei Festplatten üblichen höheren Kapazität. Zudem stellt die mittlere Zugriffszeit von 39,6 ms einen akzeptablen Wert für ein Wechselmedium dar (die Datenübertragungsrate beträgt etwa 500 KByte/s). Zur Zuverlässigkeit dieses Mediums liegen noch keine Langzeiterfahrungen vor; vom Hersteller wird für das Laufwerk eine Lebensdauer von 20000 Stunden angegeben, für die Cartridge von 10000 Wechselvorgängen.

An den PC 4 lassen sich die gängigen Monochrom- und Farbmonitore anschließen (sowohl analog als auch TTL). Auf der Mutterplatine ist bereits eine Grafikkarte installiert, die die bekannten Standards Hercules, CGA, MDA, EGA und VGA unterstützt so daß ein Steckplatz gewonnen wird. Bei CGA ist beispielsweise eine Auflösung von 640 × 200, bei EGA von 640 × 350 und bei VGA von 720 × 348 Pixeln möglich. Bei Bedarf läßt sich diese Grafikkarte jedoch auch abschalten und eine Zusatzkarte verwenden. Serienmäßig wird der PC 4 mit dem Monochrommonitor von Atari, dem PCM 124 ausgestattet. Der nachleuchtende 14-Zoll-Bildschirm ist besonders für Textanwendungen gedacht; wer häufig farbige Umsetzungen benötigt, sollte den Erwerb eines hochauflösenden Farbmonitors in Erwägung ziehen.

Auch die parallele und die beiden seriellen Schnittstellen sowie die Disk-Controller sind auf der Mutterplatine installiert, was sich ebenfalls positiv auf den Platz für Erweiterungskarten auswirkt.

Insgesamt fünf Slots ermöglichen somit die Verwendung zusätzlicher AT-Karten für die unterschiedlichen Anwendungsmöglichkeiten. Hierbei bietet das Gehäuse des PC 4 nicht nur den langen, sondern auch den hohen Steckkarten ausreichend Platz. Von den fünf Steckplätzen sind vier auf die Aufnahme von AT-Karten ausgelegt. Der fünfte Slot dient der Aufnahme einer XT-üblichen Erweiterungskarte.

Geliefert wird der PC 4 mit der notwendigen Software: MS-DOS 3.3, Basic-Interpreter GW-Basic, MS-Windows, zwei Utility-Disketten für die Wechselplatte und die VGA-Grafik. Ebenfalls zum Lieferumfang gehört eine Maus.

MP-We

Basissystem comFORTH 2

Mit dem Basissystem comFORTH 2 wird dem Anwender ein professionelles Forth-Entwicklungssystem zur Verfügung gestellt, das auf den meisten der im Inland eingesetzten PC-Systeme kompatibel lauffähig ist (A 5120, PC 1715, A 71xx, EC 1834, PC-XT/AT-kompatible).
comFORTH 2 erfüllt die Kriterien des Standards Forth-83 und berücksichtigt die durch das ANSI vorgelegten Erweiterungen. Der Wortschatz des Kernsystems umfaßt etwa 1 000 Worte, die den Standard vor allem um Funktionen zur Dateiarbeit, Gerätesteuerung und Zeichenkettenverarbeitung erweitern. Die Übersetzungsgeschwindigkeit wurde gegenüber dem Vorläufersystem auf ein Mehrfaches gesteigert. Die Wörterbuchverwaltung gestattet die temporäre Aufnahme von Compilererweiterungen und die Verwendung eines Modulkonstrukts.
Zum Lieferumfang gehören neben dem Kernsystem ein Wordstar-kompatibler Editor, ein Assembler, ein Debugger sowie eine große Anzahl von Utilityprogrammen (Datenstrukturierung, Dateneingabe, bedingte Compilation u. v. m.). Bitte fordern Sie weiteres Informationsmaterial an.

Wilhelm-Pieck-Universität Rostock, Sektion Technische Elektronik, WB Automatische Steuerungen, Albert-Einstein-Straße 2, Rostock, 2500; Tel. 40 52 02

Dr. Pfüller

Diskettenarbeit am P8000

Im Rahmen unserer Forschungsarbeiten entstanden folgende zwei Programme zur Diskettenarbeit am P8000 unter dem Betriebssystem WEGA:

cpmd
Programm zum Lesen und Schreiben von CP/M-Disketten, Nutzung der Treiber /dev/fdx96ds9 und fdx96ds16 für Disketten im SCP-oder Vortex-Format. Neben der Anzeige der Directory, Kopieren von und zur Festplatte besteht die Möglichkeit, auf der Diskette Files zu löschen sowie Filegrößen und Diskettenbelegung zu ermitteln.

dosd
Mit diesem Programm können MS-DOS-Disketten gelesen und geschrieben werden. Mögliche Formate sind 180 KByte (9 × 512 × 40 SS), 360 KByte (9 × 512 × 40 DS) und 720 KByte (9 × 512 × 80 DS). Es können Files von/zur Festplatte kopiert werden, Belegungen und Filelängen ermittelt und ein Cluster editiert werden. Bei diesem Programm kann mit Pfadnamen gearbeitet werden (Wechsel der Directory).
Die Anwendung und die installierten Kommandos sind ähnlich denen, die beim CP/M-Programm POWER zur Verfügung stehen. Auf dem P8000 müssen dazu die Diskettentreiber mit 9 und 16 Sektoren/Spur zur Verfügung stehen.

Humboldt-Universität zu Berlin, Sektion Elektronik, Bereich 5, Invalidenstraße 110, Berlin, 1040

Jäkel

Kommandogenerator für DCP

Der Kommandogenerator **KG** ist eine Kombination von Benutzeroberfläche und On-line-Hilfssystem für DCP-Kommandos. Er ist für die interaktive Arbeit mit 16-Bit-PCs unter DCP (A 7150, EC 1834) gedacht und stützt die Ausführung der wichtigsten Betriebssystemkommandos. Zu jedem Kommando erhält der Nutzer Informationen über die korrekte Befehlssyntax sowie die verfügbaren Parameter und Schalter, Laufwerkswechsel und Start von Anwenderprogrammen sind unter KG ebenfalls möglich. Selbst Ungeübten wird damit die Nutzung des PCs ermöglicht, zumal in vielen Fällen Beispiele angefügt sind. Nur selten wird der Blick ins DCP-Handbuch nötig sein.
Das Programm belegt ca. 45 KByte Hauptspeicher und steht ab sofort zur Nachnutzung zur Verfügung (Nachnutzungsgebühr: 280,00 M). Interessenten senden bitte mit der formlosen Bestellung eine Diskette (formatiert) an den:

VEB Leitzentrum für Anwendungsforschung, Softwarebetrieb CAD/CAM, Betriebsteil Karl-Marx-Stadt, Palmstraße 12, Karl-Marx-Stadt, 9072; Tel. 4 63 61

Andreas

Fondsvergabeprogramm ARPASO

Das Programmpaket ARPASO kann zur quartalsweisen Vergabe beliebiger Fondssortimente nach beliebigen Vergabekriterien eingesetzt werden. Es ist einsetzbar auf jedem Rechner ab 16 Bit Verarbeitungsbreite. Der Bedarf an externer Speicherkapazität ist abhängig vom Sortimentsumfang. Die Programme des Programmpaketes belegen 500 bis 600 KByte, je nach Qualität des auf dem Rechner verfügbaren C-Compilers. Compilierungen wurden durchgeführt auf P 8000 und EC 1834. Zum Leistungsumfang des Programmpaketes gehören:
– Quartalsplanung auf der Grundlage von fei wählbaren Verteilkriterien
– Vergabe eines Artikels auf der Grundlage bereits vergebener Artikel
– Gleichzeitige Betrachtung von bis zu drei Varianten je Quartal
– Setzen von bis zu vier Davonpositionen je Quartal
– Berechnen einer zu einem bestimmten Termin verfügbaren Fondsmenge auf der Grundlage beliebiger Berechnungsformeln
– Modifizieren der verteilten Mengen durch das Setzen von Beträgen für einzelne Fondsträger
– wahlweise Davonpositionsverrechnung
– Verrechnen von Jahresendbeständen und Fortschreibungsbeständen
– Fortschreibung zu hoher Bestände
– automatische Bereinigung aller eingegebenen Fonds um die aktuell eingestellte Abpackgröße
– Reportzusammenstellung für Zwischenergebnisdateien und Endablagedateien
– Spezifikation der Artikelnummer durch eine weitere Ziffer zur Sicherung der eindeutigen Unterscheidung von Normalfonds, Zusatzfonds, Reserveauflösungen und anderen Spezialfonds
– Hintergrundverarbeitung bei allen dateiorientierten Programmen
– Weiterverarbeiten der Endablagedatei mit jeder beliebigen Datenbanksoftware
– Kommandointerpreterschnittstelle (C-Shell oder Norton) vom Hauptsteuerprogramm aus.

Ministerium für Land-, Forst- und Nahrungsgüterwirtschaft, Bereich Pflanzen- und Tierproduktion, Köpenicker Allee 39–57, Berlin, 1157; Tel. 5 05 34 51

Findeis

Digitalisiersoftware AKROK/M16

Das Grundpaket AKROK/M16 ermöglicht die rationelle maßstabsgerechte und strukturierte Digitalisierung und Änderung von Geometriedaten mittels HDG, (K 6401 ... K 6404) im Sinne der Primärdatenerfassung am A 7100 unter DCP. Zum Funktionsspektrum gehören:
1. Strukturiertes Erfassen der grafischen Grundelemente: Strecke, Kreis, Kreisbogen, Text, Marker und Kurve durch punktweises und kontinuierliches Digitalisieren.
2. Spezifizierung der Attribute: Farbe, Linientyp, Texthöhe und -richtung
3. beim Einlesen von Zeichnungsdaten automatische Erkennung und Konvertierung systemfremder Formate (GKS-Files, CADdy (ASCII)) in das systeminterne binäre ROK-Format
4. Ausgabe von Teilstrukturen in den Zeichnungsformaten: ROK-Format, GKS-Files, CADdy. (ASCII) und HPGL
5. Löschen und Korrektur von beliebigen Zeichnungselementen
6. Erweiterung von Zeichnungen
7. Ausgabe von Zeichnungen auf Geräte über DCP-GX.
Geplante Systemerweiterungen (mit Termin 2/90) sind:
1. Ergänzungsmodul für Transformation, Kopieren und Makro-Einfügen mit geometrischen Manipulationen wie Translation, Rotation, Skalierung und Spiegelung von Zeichnungsstrukturen
2. Datenschnittstelle IGES (AutoCAD, MEDUSA, PolyCON).
Weitere geplante Ergänzungen: Schraffur, Bemaßung, Bedienungsmodul, Einbindung weiterer grafischer Eingabegeräte und Anpassung an den EC 1834. Der Preis des Grundpaketes beträgt 7 905 M.

VEB Robotron-Elektronik Dresden, Bereich System- und Softwareapplikation, PSF 710, Karl-Marx-Stadt, 9010; Tel. 39 73 67

Schulz

Weiche für Centronics-Schnittstelle

Zur Mehrfachnutzung von Druckern an Rechnern wurde eine Schnittstellenweiche für die Centronics-Schnittstelle entwickelt. Durch den Einsatz dieser Weiche wird der Betrieb eines Druckers an zwei oder drei Rechnern möglich. Die Zuschaltung des entsprechenden Datenkanals erfolgt mit dem ersten übertragenen Datenbyte. Gleichzeitig wird der zweite Kanal für die Datenübertragung gesperrt. Von den Steuerleitungen der Centronics-Schnittstelle werden BUSY, /STROBE und /ACK verwendet. Alle anderen Steuerleitungen werden nicht durch die Weiche durchgeschaltet. Das Prinzip der Schaltung ist bei geringer Modifikation ebenso auf eine größere Anzahl von Rechnern anwendbar.
Es besteht die Möglichkeit, eine bestückte Platine für die Version mit 3 Rechnern und auch für die IFSS-Weiche (siehe MP 6/89) zu liefern.

Handelshochschule Leipzig, ORZ, Bereich Elektroniklabor, Markgrafenstraße 2, Leipzig, 7010; Tel. 74 81, App. 26/73

Hoffmann

Full-screen-Editor MEDI für Turbo-Pascal

Es handelt sich um einen Full-screen-Editor mit Wordstar-ähnlichem Leistungsumfang. Alle Bedienfolgen sind WS-kompatibel. Die Löschfunktionen und der Insertmodus sind gegenüber Wordstar etwas erweitert worden. Editiert wird ein voller Bildschirminhalt, eine Variante mit vertikalem scroll ist ebenfalls vorhanden. Die beschreibbaren Positionen sind maskiert. In der Maske können numerische und alphanumerische Felder angegeben werden, eine Erweiterung ist vorgesehen. Die Reaktion bei bestimmten Bedingungen (z. B. Zeilenende) kann über toggles eingestellt werden, ebenso wraparound und die Form des Insert-Modus.
MEDI benutzt die verfügbaren Videoattribute. Versionen verschiedenen Leistungsumfangs sind für A 7100 und PC 1715 verfügbar, eine Anpassung an andere Rechner ist leicht möglich und kann notfalls durch den Anwender vorgenommen werden. MEDI ist für Programmierer gedacht, die in ihren Programmen eine komfortable Dateneingabe benötigen. Es ist universell einsetzbar, da die Maske erst während der Laufzeit bekannt sein muß. Es wird der Quelltext (als Include-File für Turbo-Pascal 3.0) weitergegeben.

Spezialschule „Heinrich Hertz", H.-P. Lüdtke, Frankfurter Allee 14a, Berlin, 1035

Schimke

Kontomanager KM 1

Der Kontomanager KM 1 dient dem Erarbeiten, Verwalten und Auswerten des Sachkontenrahmens nach der Systematik des Staatshaushaltes der DDR (3. Ausgabe für staatliche Einrichtungen). Die komplette Systematik mit allen Sachkonten liegt als Stammdatei vor und kann für jeden Anwender spezifiziert werden. Mit dem Installationsprogramm KMINST kann der Listenkopf für den Haushaltsplan, das Paßwort, der Drucker (z. Zt. FX 80, Draft) und der Arbeitszeitfonds anwendergerecht installiert werden.

Bei Fragen zur Produktsicherheit wenden Sie sich bitte an:
If you have any questions regarding product safety,
please contact:

Walter de Gruyter GmbH
Genthiner Straße 13
10785 Berlin
productsafety@degruyterbrill.com